负面情绪的价值

THE VALUE OF NEGATIVE EMOTIONS

卢文建 ◎ 著

当代世界出版社
THE CONTEMPORARY WORLD PRESS

图书在版编目（CIP）数据

负面情绪的价值 / 卢文建著. -- 北京 : 当代世界出版社, 2025. 3. -- ISBN 978-7-5090-1880-4

Ⅰ.B842.6-49

中国国家版本馆CIP数据核字第20257BL913号

书　　名：	负面情绪的价值
作　　者：	卢文建
出 品 人：	李双伍
监　　制：	吕　辉
统　　筹：	孙　真
责任编辑：	张晓林
出版发行：	当代世界出版社
地　　址：	北京市东城区地安门东大街70-9号
邮　　编：	100009
邮　　箱：	ddsjchubanshe@163.com
编务电话：	（010）83907528
	（010）83908410 转 804
发行电话：	（010）83908410 转 812
传　　真：	（010）83908410 转 806
经　　销：	新华书店
印　　刷：	艺通印刷（天津）有限公司
开　　本：	880 毫米×1230 毫米　1/32
印　　张：	5.75
字　　数：	105 千字
版　　次：	2025 年 3 月第 1 版
印　　次：	2025 年 3 月第 1 次
书　　号：	ISBN 978-7-5090-1880-4
定　　价：	49.80 元

法律顾问：北京市东卫律师事务所　钱汪龙律师团队（010）65542827
版权所有，翻印必究；未经许可，不得转载。

序 言

你好，我是卢文建，一名探索"读心术"10年的心理学从业者。

早在2013年，我便开始学习催眠，起初我会在很多私人聚会以及公开场合展示催眠，我们称之为催眠秀。2015年，我参加了人生中的第一档综艺节目——央视一套的《出彩中国人》，而我所准备的节目正是催眠秀表演。只是当时的导演组认为"催眠"这个概念可能会让观众误解，怕播出会受到限制，于是最终将节目调整成了"读心术"的展示，也是从那个时候开始，我就被打上了"读心术"的标签。

2019年，我接受了时长3年的认知行为治疗的系统培训，逐渐意识到催眠作为一种治疗技术可以与认知行为治疗相结合。有些观点强调，催眠的核心在于暗示，而认知行为理论认为，我们之所以会出现令人困扰的问题情绪，实际上源于自动涌现出来的负性想法。这些负性想法完全可以用负面的自我暗示来进行定义和理解，这样的假设为我们应对问题情绪增加了新的可能性。我们不必再执着于分析负面情绪究竟为何发生，而是可以利用正面的自我暗示去替换原本负面的自我暗示，这会让你快速、高效地缓解负面情绪。

此刻你手中的这本《负面情绪的价值》正是基于以上假设所撰写的。在这本书中，我主要为读者提供了两个方面的内容：一是我尝试通过认知行为疗法当中的认知行为理论让你更加理性地认识和调节情绪；二是我会针对一些常见的问题情绪为你提供一套自我催眠脚本，虽然这些脚本只能以文字的方式呈现，但是，经过实际测试，这并不会影响它的有效性，只要你愿意花些时间认真阅读。大概读过一两遍之后，你可以用手机或其他录音设备将内容录制下来，这样你就可以在日常工作、学习的休息间隙或是晚上睡觉前播放，直到你能够真正理解这些文字的含义，你就不再需要这些机械的文字了。在你体验到负面情绪被唤醒的时候，你可以坐下来，闭上眼睛，慢慢引导自己找回那份松弛感。

在日常生活中，我们大多数时间对负面情绪都存在着或多或少的误解，我们执着地追求理性，因此认为某些情绪的出现就代表了我们是不够理性的人，甚至是不合格的人，从而忽略了每个情绪背后都存在着未被满足的需求。比如愤怒与恐惧，我们会认为这些情绪本身就不应该出现，但事实是，愤怒与恐惧的存在具有一定的合理性。

当然，我们想要摆脱这些情绪的原因往往在于体验负面情绪无异于自找苦吃，并且会让我们无法有效解决问题。但这些情绪无论如何都会过去的，关键就在于我们是否正视过自己的需求，或许我们是因为不知道如何拒绝不合理的要求而积怨已久，或许我们的不安与恐惧正在告诉我们自己，危险源于我们此刻的想象，我们需要在现实层面接近危险才能一探究竟。换句话说，如果我们只是将情绪视为自己的敌人，那当它得到缓解之后，我们自然会认为问题也随之消失了，这种回避情绪、对抗情绪的错误认知也同样损害着我们应对情绪的能力。

通过阅读这本书，你会知道如何用更加理性的视角看待所谓的"不理性"，书中为你提供了可以识别自己想法与需要的方法，希望你能够认真练习。同时，在你体验到强烈情绪的时候，书中提供的自我催眠的脚本也会帮助你从泥沼中挣脱出来。但你一定要清楚这些都不会给你带来一劳永逸的结果，因为负面情绪绝不会被消灭掉，它们也不应该被消灭，正是它们的存在，才能让你有机会觉察最真实的自己。或许你那些从未被真正满足过的情感需求，此刻正在以某种不合理的方式获得满足，这也就是负面情绪真正的价值所在。因此，我想将这本书推荐给每一个饱受负面情绪困扰的人，希望你们能学会识别自己的负面情绪并找到与之对应的处理方法。

目 录

001　所有情绪背后的需求都值得认真回应
011　问题情绪是怎样产生的？
021　学会识别你的情绪
033　思维是一切的关键
041　抓住你脑海中的"坏念头"
047　一切想法的发源地——信念
061　负面情绪来临时，我们可以做什么？
067　你有什么证据呢？
079　学会评估与理解你的问题情绪
095　抑郁情绪的应对策略
117　焦虑情绪的应对策略
139　闭上眼睛，告别拖延
147　"社恐"的应对策略
155　愤怒情绪的管理策略
175　唯有巩固你的收获，方能体验更多快乐

所有情绪背后的需求都值得认真回应

嗨，朋友，当你准备阅读这本书的时候，你可以允许自己以一个舒服的姿势坐下来，因为这本书将教给你如何以更"舒服"的姿态应对生活。

每个人终其一生都只是在试图解决一个问题——如何才能按照自己所期望的那样去生活？对很多人来说，生活中总有解决不完的问题，因为事与愿违似乎才是生活的常态。此刻，让我们一起做个简单的试验，你可以试着把注意力聚焦在你周围的任何一件事物上，想想它们是如何从无到有的。无一例外，它们都必须先存在于设计者的头脑中，才有可能真正的以某种具体的面貌呈现在你的眼前。那么，现在你可以再问问自己，如果你在脑海中从未明确、清晰地刻画过你想要的生活是怎样一番具体的图景，它又如何才能以你想要的样子呈现在你的眼前呢？

事实上，人类自诞生以来，就不断地调动自身的想象力和创造力，运用知识与科技让外部世界变得更加符合我们的需要。在当下这个时代，我们享受着前所未有的舒适和便利。

然而，我们却仍然觉得自己的生活少了些什么，或许是少了儿时才能体验到的快乐与满足，你无法在充满不确定的复杂现实中全然地体验快乐，似乎体验快乐是需要资格的；或许是少了一段令你满意的亲密关系，你爱的人不是爱你的人，她或他无法做到无条件地支持你，无法向你提供你所需要的情绪价值，无法满足你的安全感；也可能是少了一个可以让你全情投入并为之奋斗的人生目标，你时常沉浸在手机的虚拟世界中，在他人的生活中拉扯着自己的情绪，导致迟迟无法安然地睡去，因为再次睁开眼的时候，你不知如何面对崭新的一天。

不妨回忆一下，在过去的24小时里，你有多少时间是感觉幸福的和快乐的？如果有，为何它的存在总是那么短暂？有没有一种可能，在不断地向外部世界索取的过程中，我们逐渐忘记了应该为自己的内心世界做些什么。这正是本书的创作初衷，我将分享给你一套完整的策略，指导并帮助你正确激活以及塑造内在幸福感，创造出更多的积极情绪，由此帮助你逃离长期的负面情绪体验。同时，我也希望你能在学会这些策略后，愿意将其中的方法分享给身边更多的人，毕竟，分享与给予往往也是一种力量。

各种负面情绪（焦虑、抑郁、恐惧、愤怒）该如何处理已然是当下备受关注的社会话题之一，绝大部分人将负面情绪的存在视为获得快乐与幸福的最大阻力，但事实恐怕恰好相反。

在我 9 岁那年，我的妈妈就教会了我如何看待负面情绪。

我出生在 1991 年，那个年代没有当下如此丰富的电子设备、娱乐产品，每天最能够充分调动我情绪体验的事情就是和同学、小伙伴之间朴素纯粹的人际交往。我们在各种简单的孩童游戏中面对面地传递情感，我们扮演各种角色、相互建立信任、体验各种情绪……似乎正是因为这样，那个时候的孩子有机会在与小伙伴的互动中疗愈原生家庭的创伤，而且他们表达情绪的方式也显得更加丰富和灵活。

9 岁那年的夏天，放学后，我像往常一样迫不及待地下楼和小伙伴一起追逐打闹，因为年龄比较小，妈妈从来不允许我跑到小区外面，我只能在单元门口玩，这样她就可以随时打开窗户锁定我，呼唤我。我记得那天一直到晚上 10 点，她都没有像往常一样叫我回家，可能是当时的我意识到了事情发生的有些反常，情绪立即从放飞自我的兴奋跳转到担心挨骂的恐惧。而当我们几乎同一时间体验到两种极端的情绪或是矛盾的想法时，很容易在意识层面造成某种程度的混乱与紧张，从而导致我们陷入恍惚，而这个时候我们其实也更容易遵循更有建设性的建议。我想当时的我一定处在某种恍惚的状态中，于是当我的内心出现"赶紧回家"的声音时，我没有让自己停留片刻。

我相信每个孩子都具备这样一种能力——开心时我就允

许自己沉浸体验，嗅到危险时我就立即采取行动。换句话说，孩子的情绪和行为往往更容易趋于一致，这会让他们更快地尝试解决问题，从而培养出更灵活的处事能力，而不是困在某种情绪当中。反观一些长期被焦虑或抑郁所困扰的成年人，我发现这样的能力在他们身上已经开始逐渐弱化甚至消失。他们通常会允许自己沉浸在无法停止的消极想法中，而不是采取行动。而当你的注意力过于集中在负面的想法上时，你的消极情绪将会被自动唤醒，那一刻你的行动和反应将失控，而你无法掌控。

让我们暂且回到我的这次经历当中，当我急切地跑回到家门前时，我连忙敲门，但是很长时间妈妈都没有来开门。我感受到了前所未有的担忧与恐惧，脑海中浮现出了各种可怕的想法，我甚至感到被抛弃了。于是，我终于被强烈的情绪所压垮，在楼道里放声大哭，拼了命地嘶喊着："妈妈，我错了，你怎么了，你别不要我啊！"就在这个时候，妈妈从隔壁的邻居家出来，一把抱住了我，俯下身来帮我擦干眼泪，用她的脸贴着我的脸。说实话，那可能是我人生当中第一次体验到恐惧是如何迅速转变为温暖与安全的，令我印象极为深刻。待我的情绪平复后，妈妈看着我的眼睛告诉我："妈妈在呢，妈妈怎么可能不要你呢？那你可以答应妈妈以后别这么晚回来了吗？"

我当然相信这是妈妈的本能反应而非刻意为之，但她就是如此巧妙地抓住了我在恐惧平复后的心理，从而引导我接受她的建议。换句话说，她不仅用"拥抱"的身体语言缓解了我的紧张与恐惧，同时，她也不自觉地利用了我的紧张与恐惧来实现让我乖乖听话、早点回家的引导。当然，从那次事情之后，我确实没有再晚回家过。

可能这个故事于你而言有些稀松平常，但对我来说，这件事情让我逐渐理解了每个情绪背后都有需求，而每个需求都值得我们认真回应，如果我们能善加利用，纵然是再糟糕的情绪，也能帮助我们打开全新的局面。

比如，在写这本书时，我不知从何写起，但我不会试图阻止自己的焦虑，而是安静地闭上眼睛去体验它。就在这时，9岁的那次经历不经意地从杂乱的思绪中跳出来，而我也尝试着用它作为本书的开端。当然，要理解并塑造这样的能力，单凭我的一个小故事实在是作用有限，这需要我们花些时间，跟着这本书中所建议的方法和策略，学会更有效地管理我们的负面情绪，从而有效地驾驭负面情绪。

在我们正式开启本书的策略学习之前，我将引导你完成一个放松的过程，这个过程将有助于你应对负面情绪。同时，它会帮助你更容易地进入睡眠。通常我们将这个放松的引导过程称为"自我催眠"，所以，我会简单地提供一些指导，帮助你达到身心放松的状态。我想让你做的只是让自己尽可能的舒服。你可以随时调整自己的舒适程度。

接下来是完全属于你的时间，以下的催眠引导词你可以先朗读几遍，然后可以用手机进行录制。记得要尝试尽可能用低沉、缓慢且富有节奏感的方式读出来，之后你便可以随时闭上眼睛，戴上耳机，认真聆听。

接下来你可以去体验任何你想要体验的事物。我将给你一些关于放松的建议，我相信这些建议可以帮助你体验到宁静与平和。我们从缓缓地闭上眼睛开始。

以下为正式的催眠引导词：

此刻，你缓缓地闭上眼睛，感受一下你的全身，如果你注意到身体上有任何地方让你背负着一天的紧张情绪，那就在此刻释放这种紧张情绪。你需要让自己身体的所有肌肉都变得更加放松。现在你可以注意到自己的呼吸已经变得平缓了，这很好。

深呼吸——吸气——呼气——深入而缓慢的呼吸有助于我们更好地进入催眠状态。当你放松的时候，找到一个舒适的姿势，想象你头皮的肌肉开始放松，这种放松感会向下流淌到眉毛的肌肉，所以，眉毛的肌肉开始逐渐放松下来了，然后是眼睛和脸颊的肌肉，以及嘴唇的肌肉。现在，完全地释放你面部或头顶肌肉的任何紧张。

当你想让身体体验到一种放松的状态时，可以让自己的思想活跃起来，想想任何能给你带来愉悦的事情。此刻，继续放松肩膀、手臂和后背的肌肉，让紧张感开始一点点消失。

事实上，就好像你能感觉到背部、肩膀和手臂的紧张感开始向下游走、移动，然后，通过你的手游走出你的指尖。

想象一下，当你放松的时候，一天的压力离开了你的身体。注意你胸部、胃部的肌肉。如果这些肌肉中的任何一块紧张，只要放松它就可以了。你的肌肉变得柔软松弛，就像一大堆橡皮筋，一个柔软无力的布娃娃。你体验到了宁静与平和，这会让你进入一种更深层次的放松状态。

放松大脑也是一件容易的事。当你的身体变得放松时，你的大脑也会逐渐变得放松。

我们的腿为我们做了很多事情。有时候，一天的紧张会囤积在大腿或小腿的肌肉中。如果你注意到这些地方的紧张感，就让这种紧张感从大腿流过小腿，穿过脚踝和脚背的肌肉，然后，让它从你的脚趾流出。现在，你看起来很放松，在这种放松的状态下，我们可以体验到宁静与平和。如果你需要吞咽口水，也没关系。如果你为了更舒适而调整你的姿势，也没关系。从你的头到脚趾，你已经让自己变得完全放松了。

（停顿）

当你允许你的整个身体变得柔软、松散和放松时，这段时间对你来说就会变得有意义。它之所以有意义，是因为你学会了一项新技能：控制自己的身体和情绪。

（停顿）

当你全然放松的时候，我希望你在脑海中想象一个楼梯。这个楼梯要么在你的左侧，要么在你的右侧。

（停顿）

当你放松的时候，想象自己站在这个楼梯的最上方。然后慢慢地从第十层台阶走到第九层台阶，随着每一步缓慢的移动，你会变得更加放松。每走一步，你的放松感就会增加十倍。现在，从第九层台阶移动到了第八层台阶，然后继续移动到第七层台阶。你会进一步放松，然后移动到第六层台阶、第五层台阶。很好，现在移动到第四层台阶。你感觉到更放松了，现在，移动到第三层台阶、第二层台阶。现在，你可以看到底部的台阶。下一步，你将从这个楼梯上走下来，映入眼帘的是一张巨大的、舒适的床。你放松且舒适地躺在羽绒床垫上。一路下来，你越来越放松，越来越困。

我将给你一分钟的时间来享受这种平静的状态。神奇的是，你可以在任何时候回忆起这种状态。当你感到有压力、不知所措的时候，或者在生活中遇到困难的时候，回忆这种状态是很有用的。无论在哪里，你都可以使用这个方法来帮助你在生活中找回一种属于自己的中心感。

此刻，你会发现自己已经到达了一个最舒适的状态。我想邀请你体验一次旅行，首先你可以想象你面前有一片大海，尝试着去看看海水的颜色。

我不知道你看到的海水是什么颜色，也许它很蓝，也许更绿。它一定很清澈，也许水在阳光的照射下给予你愉快和温暖的感觉。你可以想象自己漂浮在海面上，让自己在水里起起伏伏。

你静静地漂浮着，也许你可以看到一条鱼或是一只海豚。你如同它们一样，可以很容易地在海里游来游去。周围的噪音越来越远，你感受到了宁静和平和。你现在可以放手并享受这种放松的感觉。

海里有五颜六色的鱼、明亮的珊瑚、不同的海洋植物，你可以感受到这一切。然后你继续漂浮着……你可以简单地潜水，享受宁静，全身深度放松。独自一人时，也许你会注意到鱼终于慢慢地潜入水中。当它慢慢地潜入水中时，你可以看到水里五颜六色的珊瑚，一切都那么平静，小鱼越潜越深。一切都是多姿多彩的，一切都是清晰可见的。你感受着周围的宁静，一种愉快的平静。

当鱼潜得更深的时候，你可以注意到你的胳膊和腿是多么的沉重，你越来越累，你想休息，想睡觉，想放松一下，随着每一次呼吸，你会陷入更深的睡眠。进入梦乡之后，你会感到安全。

随着每一次呼吸的加深，让自己在深度睡眠中放松。当一切都放松下来的时候，你身体的各个部分都将得到彻底的休息和深度放松。下沉，放松，不断下沉，不断放松，你会维持很长的一段时间。因为你知道，只要你学会了放开一切，一切都将恢复它应有的秩序，你无须改变什么，一切都会向着更好的方向发展。你会发现你迎来了许久未感到过的困意，只要你躺在床上，你随时都可以激活一整晚舒适自在的睡眠。

需要再次强调的是，以上引导词，你可以通读几遍，然后把它录制在你的手机上，当然，如果你感觉自己的声音会干扰你的注意力，让你感到有些尴尬，你也可以使用 AI 技术变换自己的声音，这样你就得到了一个属于自己的催眠音频。

每当你因为现实生活中的问题而感到无力时，可以提醒自己，内在的无能感正在等待着你的回应与安抚，给自己几分钟时间，将自己置身于安静的环境中，跟着录制好的音频，获得片刻的放松与宁静。这个操作可能并不会立刻让你的问题得到解决，但请相信我，当你再次睁开眼睛回到现实当中，你会感觉到自己更有能力去解决问题，毕竟只有当你自我感觉良好的时候，问题才有解决的可能。

问题情绪是怎样产生的？

在众多大家熟知的心理学名词中，情绪一定是那个我们最熟悉，同时也最陌生的存在。

说它熟悉是因为其如同呼吸一般，无时无刻不被我们所体验到。说到这里，很多人或许会有不同的理解，他们可能会说："我今天就没什么情绪啊！"

细品一下，这是多么矛盾的一种说法。其实，即便你一天什么都不干，只是待在家里，躺在床上，你一样会体验到很多复杂且微妙的情绪变化。因为你的大脑里会有不同的想法，这也是为什么很多人会不知不觉内耗。其实，情绪本质上是一种能量，你可以将它视作想法转化为行动所必需的"助燃剂"，它存在的意义就是帮助你调控行为，趋利避害。如果你只是想但不采取任何行动，想法就得不到有效的回应，你的内在需求就会被压抑，直到你形成一种心理定势——"用想法代替行动"。久而久之，你会被自己制造的想法捆住手脚，你会形成这样的想法：能想的事情我为什么要去做呢？我又没想好，我怎么做呢？

那为什么说情绪又是那个最陌生的存在呢？说它陌生是因为当我们体验到情绪被唤醒的时候，我们往往很难辨识它或者用语言去描述它。当然，比这个更可怕的情况是你否定你的情绪。

情绪这个词，在英文里有 emotion 和 mood 两种表达，两者有一定的差异。

首先是 emotion 这个词，它最早出现于 17 世纪，其词源来自拉丁语 motere，意为"移动、搅动"。我们体会一下这个词，你会发现，它指的是一种强烈的、内在的、主观的、生理的感受，有一团东西在你身体里移动、搅动。微表情研究的集大成者保罗·艾克曼，通过研究定义了人类的六大基本情绪，即"快乐、悲伤、愤怒、恐惧、惊讶、厌恶"。为什么叫基本情绪呢？那是因为它们来自本能，人和动物都有，无论你生活在这个地球的哪个角落，这些情绪你都能感受到。

为了更好地理解这些基本情绪，我们不妨展开这样一个联想：假设某天早晨，你醒过来，你的耳边出现的是楼上搞装修的电钻声，你会感到烦躁与生气。你可能会很想上楼和对方理论。当你穿好衣服，突然门铃响了，原来是快递员送来了你前一天定的一双鞋子。拆开后，看到鞋的那一刻，喜悦油然而生，楼上的电钻声也显得没那么刺耳了。这个时候，朋友约你吃饭的电话响了，你急忙梳妆打扮，穿上新鞋，怀着期待与兴奋去赴约。走进餐厅，你惊讶地发现坐在朋友旁边的居然是你的前任,你故作镇静地坐下来,突然感到一阵不安与局促。当前任一开口说话,一股熟悉的厌恶感扑面而来,于是你吃了没几口,就借故离开。刚走出餐厅,你的眼泪掉了下来,你不知自己为何悲伤,但有些痛似乎只有身体记得。

目前为止,我们通过一系列假设出来的连续情境,串联起了刚才说到的六种基本情绪。那么,问题来了,你会认为这些情绪是不正常或者不健康的吗?我想你不会这么认为。为什么呢?因为所有出现的情绪都与激活它的情境、事件是高度匹配的。被电钻声吵醒,你会烦躁、生气,想要上楼找人理论,这个过程合情合理。穿上新鞋你会开心、喜悦,这会让你更想要见到想见的人。见到不想见的人时,你又会感到厌恶、嫌弃,想离开。

我们会发现,情绪体验往往是随着情境的变化而变化的,且与客观发生的事件高度匹配,情绪在这个过程中为我们的行为提供了必要的指导,比如,愤怒需要你正面表达,争取你合理的权利;焦虑会不断向你发出"做点什么"的信号;抑郁则是告诉你应该好好休息。从这个角度来说,我们需要管理的不是情绪本身,也就是说情绪本身不是问题,阻碍你情绪正确转化的想法与行为才是关键。试想一下,如果有人向你提出了不合理的要求,这让你体验到了焦虑与不满,让你很痛苦,于是你选择将情绪视作敌人。但情绪并没有错,因为它符合了情境的需要并且不断地提醒你捍卫自己的边界，勇敢说"不"。但现实情况是，你或许会因为某些念头的产生从而压抑自己的情绪，比如"我不知道该如何拒绝"又或者是"如果我拒绝了对方的需要，我就没有什么价值了"，于是你不断地委曲求全，满足别人的需要，对你来说这就成了唯一的选项。原本正常的焦虑与不满也开始逐渐演化为负能量，最终蔓延在你生活的各个角落。

那我们该如何理解 mood 这个词所表示的情绪呢？其实它等同于我们经常提到的"心情、心境"。mood 与 emotion 最大的不同在于前者表示个体持续的某种情绪状态，而后者则表示持续时间较短、体验强烈的情绪。倘若长期处于愤怒、焦虑或悲伤的情绪中，无论是你的想法还是行为都会变得无效。

说到这里就不难发现，通常情况下，一个短暂的、本能的、由于某个孤立事件而产生的情绪并不会被我们识别为问题情绪。只有当某个情绪长期存在，并没有随着时间或情境的变化而变化时，我们才会感到自己似乎出了问题。那么，为什么我们总会陷入一种情绪，无法自拔？

在回答这个问题之前，我想分享一则案例。案例的主人公是一对年轻夫妇。有一天，妻子因为感冒发烧无法工作，只好卧床休息，她希望丈夫可以帮她倒一杯热水。可是，当妻子将丈夫端来的热水送入口中时，却因为水温过高不慎烫到自己，一瞬间舌头比脑袋还疼。妻子感到有些不满，这份不满显然是源于其生理感受，也就是妻子的生理不适正在唤醒一种主观感受。于是，妻子开始埋怨丈夫为什么不帮她试一下水温，而丈夫则表示妻子并没有表达清楚，并且继续忙自己的事情。妻子在床上越想越生气，最终与丈夫进行了长达两个小时的争吵。

故事先说到这里。此刻，我想让大家思考一个问题：在上述案例中，妻子显然感受到了强烈的愤怒情绪，那么，让妻子感到愤怒的原因究竟是什么？如果你认为妻子愤怒的原因是丈夫的不细心与满不在乎的态度，那么，你似乎忽略了妻子在想什么。妻子由最初的生理不适到不满，再到最终的愤怒，整个过程中影响情绪的是妻子对丈夫的态度产生的一系列联想。妻子完全有理由把丈夫之前类似的态度和行为联系在一起，最终导致极端的负面想法，于是造成不可遏制的愤怒。简单来说，妻子在脑海中对丈夫的态度与行为进行评价与解读，她很难在当下的情绪状态中保持理性，这就必然导致思维越来越极端，情绪越来越强烈。

由此可见，我们的情绪发生、发展过程可能是这样的：我们会对发生的事情或眼前的情境进行识别，接着我们会本能地、直觉地唤醒某种主观感受（这个部分与我们自身的成长经历密不可分）。很快，我们的认知会加入进来，对眼前发生的事情进行评价与解读，并驱使我们产生一系列应对行为。当我们丝毫没有觉察到自己脑海中产生的评价与解读时，应对行为往往也不会受到合理有效的调节。可以说，情绪管理实际上并不是在管理某种主观感受，而是管理你的想法和行为，因为人类的问题很少会真正来源于某种情绪，但我们总会将它归因于情绪。

从这个角度而言，所谓的问题情绪都是我们创造出来的。换言之，你不创造，就不会有问题情绪这个概念。那么，我们是如何创造出各种各样的问题情绪的呢？那就是依靠我们对于一件事情的解释以及预测。设想一下，如果你在街上偶然间发现有一群人正在马路中央围观着什么，那一刻，你的脑海中会想到什么？你会开始各种猜测，然后你的脑海中不断浮现出生动而具体的画面，与此同时，情绪也开始被创造出来。

为了让大家能够更深入地理解这一概念，让我们回到一开始为大家分享的案例中，妻子为何会感到愤怒？原因其实很简单。当丈夫端来的热水烫到了妻子，妻子在那一刻开始调动自己的过往经历与固有的认知模式将这件事情解释为丈夫完全不在乎她，不考虑她的感受，认为他居然连倒一杯热水都做不好。妻子对丈夫的态度感到失望，愤怒情绪也就随之而来。如果此时妻子将这件事情解释为自己没有清楚地表达出需要丈夫帮忙测试一下水温，丈夫平时也很少照顾人，粗心大意在所难免。那么，妻子很可能不会体验到强烈的愤怒，就不会发生争吵。现在，我们会发现，不同的解释会创造出完全不同的情绪体验。

当然，看到这里，也许会有人觉得，这不就是在为丈夫的过错找理由吗？难道身为丈夫不应该在妻子生病的时候给予细致周到的照顾吗？我完全理解这样的想法，但我想提醒大家的是，你是否意识到你已经在调动你的解释了呢？当你开始采取这样的解释时，你的情绪是否也就开始出现了变化呢？当你认为我在为丈夫的过错找理由时，你自然就会创造出埋怨与责备的情绪体验。

当然，这恰恰从另一个角度说明了我们会唤醒何种情绪以及唤醒到什么程度，完全取决于我们对一件事情做出了何种解释。因此，我们可以得出一个结论——我们都是自己情绪的主人，我们可以创造它，也同样可以改变它。我们为什么一定要理解问题情绪产生背后的真正原因？其实是因为当我们开始尝试解析负面情绪而不仅仅是感受它的时候，整个解析过程本身就足以让我们的负面情绪得到有效缓解。

在生活中面对突如其来的负面情绪时，知道自己首先应该做些什么，而不是任由情绪摆布我们。接下来，我会分享给大家一套实用的情绪解析工具。这套解析工具源于目前全世界范围内应用广泛且有效的心理治疗方法——认知行为疗法。我们称这套工具为五因素模型。

既然名为五因素模型，自然会涉及五个基本要素，它们分别是：情境（或事件）、思维（也就是对于一件事情的想法）、情绪、行为以及生理表现。五因素模型提出一个基本假设：我们所有的问题情绪，都是由于这五个要素的相互作用而产生的，其中任何一项发生变化，都会对其他四项产生影响。例如，当我们的行为发生变化时，我们看待一件事情的方式以及情绪感受都会发生改变，进而影响到外部环境以及生活中的事件。同理，当我们看待一件事情的方式，也就是思维发生改变时，我们的行为、情绪以及生理表现也会发生相应的变化。

仅仅停留在理论，大家可能难以理解，我们举个简单的例子：假设你的工作需要你经常出差，但是你又非常害怕搭乘飞机，每次当你仅仅想到要乘坐飞机就会浑身出冷汗。现在，让我们通过五因素模型对这样的问题情绪进行解析。同时，希望大家可以想象一下，如果你是这个人，在我们解析完成后，不好的情绪体验是否会得到一定程度的缓解。

现在，我们将这件事情拆解开，看看能否一一对应到五因素模型之中。首先，这个例子中的情境或者说事件是什么？是乘坐飞机。那么，由此你产生了什么情绪呢？是害怕、恐慌。那么，是不是乘坐飞机这件事情本身让你感到害怕呢？根据上文提到的内容，我们可以理解为对于乘坐飞机这件事情，我们的想法是负面的、消极的。而这个想法就是我们五因素模型中的思维。那什么样的想法会让我们乘坐飞机时感到害怕与恐慌呢？有人可能会认为飞机没有切实的安全保障，一旦发生危险则无法应对。甚至还有人可能极端地认为飞机一定会发生事故。此刻，当我们有诸如此类的想法时，就会出现焦虑、害怕甚至是恐慌的情绪，而这些情绪又会导致我们出现心率加速、出汗、呼吸短促等相应的生理变化。同时，我们也会出现类似逃避乘坐飞机，尽可能不选择乘坐飞机出行的行为。

当我们将这个问题情绪解析之后，问题的核心也就暴露出来了，那就是我们有一种不合理的想法：飞机不安全，飞机一定会出事。于是，我们似乎可以明白，只要我们可以改变这种想法，我们的情绪、行为以及生理表现都会随之发生变化。如果我们选择改变自己的行为呢？你可能会认为，改变行为就是让我们选择乘坐飞机，那岂不是更加焦虑了吗？其实并非如此。我们可以这样理解，当我们乘坐飞机感到害怕的时候，其实更多是因为这种想法，而想法并不代表事实，我们是在害怕自己头脑中的想法，并不是事实本身。当选择改变一贯的回避行为时，我们恰恰会开始接受现实，面对现实。现实是什么呢？其实飞机是安全的交通工具。最终，现实会让我们重新调整看待这件事情的方式，问题情绪就会得到根本的改变。

综上所述，问题情绪的发生与我们经历了什么并不存在因果关系，而是情境（生活事件）、思维（想法）、情绪、行为以及生理表现五个因素相互作用的结果。每当一件事情激活了我们的负面感受，那这背后往往存在着不合理的思维方式，于是我们的行为也就难以避免地受到了影响，最终自然会进一步强化我们所体验到的负面情绪。但值得庆幸的是，五个因素当中的任何一项发生改变时，我们都有机会引起其他因素的变化。举一个很简单的例子。当你感到愤怒即将被唤醒时，如果你选择此刻先离开眼下的情境，这就是在着手改变情境因素。很快，愤怒的情绪自然就会得到缓解，冲突行为发生的可能性就会降低，也就不至于造成不可挽回的损失。因此，这五项因素将给予你一个全新的视角去分析自己的问题情绪，让你有机会摆脱长久以来的困扰。

学会识别你的情绪

前文提到,我们会唤醒什么情绪,会唤醒到什么程度,完全取决于我们对一件事情的想法,或者说我们是如何看待这件事情的。那是不是说,只要我们改变看待问题的方式,就可以更大程度地减少负面情绪带来的困扰呢?

理论层面而言,这一点毋庸置疑,但是,我们同时也非常清楚,想要做到这一点并不容易,需要一定的时间和精力去刻意练习。我们可能都有类似这样的经历,当我们遇到一些烦心事时,总会有人劝导我们"你应该换个角度考虑问题",但基本上都起不到什么作用。究其原因,是因为当我们处在负面情绪中时,认识和考虑问题的视角就会被局限、被固定,同时,负责调控情绪的自主神经系统又无法受到个人意志的支配。因此,负面情绪只要一出现,往往令我们猝不及防,束手无策。

说到这里,我想到曾经辅导过的一个经常和自己的父母起争执的女孩子。当时她因为自己总是不能很好地控制愤怒的情绪而感到沮丧和懊悔。当我向她分享一些我认为比较有用的技巧时，从她的表情中，我很快看到了一种无力感。随后，她说出了让我至今都难忘的一句话：卢老师，我要是能做到的话，就不用来找你了。

这是非常现实的回答。换句话说，如果我们总是等到负面情绪出现的时候才想办法去解决它，那么，最终可能得到的结果都会让我们感到沮丧和无力。这就好像当我们在生气的时候，脑海中总会跳出一个理性的声音告诉我们"不要生气，不能生气"，但下一秒，眼前的事情、身体的反应、强烈的情绪就会彻底击溃我们，仿佛进入了一个难以切断的死循环。

然而，长时间从事关于问题情绪的个案咨询，再加上我个人对于相关情绪理论的梳理与分析，慢慢地我开始对问题情绪有了全新的理解。同时，我发现了切断这个看似无解的循环的有效做法，或者说，这正是本书真正想要实现的两个目标。第一，我们并不是要学习如何在负面情绪到来时去对抗、摆脱它的方法，而是要学会如何预判可能出现的负面情绪。针对不同的负面情绪，积累和运用相应的策略，从而发现负面情绪背后所蕴含的积极意义，让负面情绪为我们所用。第二，了解并掌握我们看待自己、看待他人以及看待事物的方式，继而学会重新去塑造它，最终在生活中创造出更多的积极情绪。

当我们以这两个目标为出发点的时候，"怎么走出第一步"是至关重要的,这涉及接下来需要讨论的内容:学会识别情绪。只有能够清晰地分辨出你当下所感受到的是什么情绪,才可能更有针对性地采取特定的措施来改善情绪的负面作用。

举例而言,每个人都知道,在紧张、焦虑的时候,调整呼吸是一个比较容易操作的技巧,但是,它可能只适用于缓解焦虑,对改善抑郁却几乎起不到任何作用。你可能会想,难道我自己连焦虑和抑郁都分不清楚吗?是的,你未必分得清楚。你或许长期感到疲惫,不愿意收拾房间,但是却不知道自己早已陷入抑郁。你可能经常感到紧张,也许仅仅是肌肉紧张,或是肠胃功能失调,但你没有意识到这是长期焦虑的躯体化表现。

除此之外,愤怒、内疚、羞愧等情绪都有着各自不同的生理与行为表现,而你却很可能浑然不觉,遵循着"看不到,摸不着"就视为不存在的心理特性。当我们真正能够意识到自己的情绪状态不对时,它可能早已破坏了我们的生活品质、人际关系以及工作效率。

大家应该都看过《哈利·波特》,我记得在第一部《哈利·波特与魔法石》当中,有这样一个情节,几乎整个霍格沃茨魔法学院从上到下都不敢直呼"伏地魔"的名号,但是每个人都清楚他的存在,同时又惧怕他的存在。这似乎在告诉我们,真正令人恐惧和无力对抗的,往往是那些不可描述、无以名状的东西。当我们可以清晰、明确地讲出自己究竟在害怕什么，在愤怒什么，又为什么而抑郁时，你会发现这团迷雾会在顷刻间凝聚成一个具体的问题，然后，遇到问题并解决问题才会成为可能。因此，识别出你当下的情绪，一定是应对问题情绪的第一要义。

我们可以借由以下四个步骤去形成识别情绪的具体操作思路：

步骤一，绘制属于你的情绪列表。

步骤二，利用情绪的组成部分来拆解你的情绪感受。

步骤三，评估你的情绪强度。

步骤四，区别情绪和思维。

步骤一是绘制情绪列表。简单来说，就是你需要制作一张可以用来记录情绪词语的表格，并把你所知道的情绪词语尽可能地填写在里面，比如我们所熟知的六大基本情绪：快乐、愤怒、悲伤、恐惧、厌恶、惊讶。但是，对情绪的描述远远不止如此，仅快乐这一种情绪就会因程度的不同而产生诸多不同的描述，比如欣喜和狂喜。

你可能会有疑问，为什么要如此精细地区分情绪？原因很简单，欣喜的情绪感受会让我们心态比较开放，容易接受不同的信息，处理事务的能力也会提升。而狂喜属于一种会让人失控的激情状态，会给我们带来麻烦，需要被调控。所以，精细地区分情绪，是为了针对不同的情绪采取不同的应对方式。

当然，随着我们对情绪的描述的准确性和敏锐度的提升，我们可以更好地记录自己的情绪。为了方便理解和使用，可以参考我制作的表格（见表一）。当你拥有这样一张表格之后，它会教你如何为自己所感受到的情绪命名，而不用再去使用诸如"我感觉很不好""我感觉很糟糕""我感觉很不爽"等模糊不清的情绪描述。同时，这张表格的使用方式有如下两种：你可以每天花一些碎片时间，从列表中选取一个或几个不同的情绪，然后试着写出或描述出你曾经在什么样的情境中感受过它们；或者是反过来，试着回忆一下你最近一段时间在什么样的情境下感到情绪反应很强烈，然后试着从列表中找到对应的情绪词语。

表一　情绪列表

抑郁	焦虑	生气	内疚	羞愧
悲伤	尴尬	兴奋	恐惧	烦躁
缺乏安全感	骄傲	狂怒	恐慌	沮丧
紧张	厌恶	痛苦	愉悦	失望
愤怒	害怕	快乐	高兴	屈辱
悲痛	急切	担忧	满足	感恩
满怀希望	惊慌	冷漠	平静	悔恨

由于我们很容易从一件事情快速转移到下一件事情当中，所以，难免会忘记自己的感受。当我们处于这样的状态

中时，更有可能无意识地采取行动，这意味着我们可能会失去情绪提供的有价值的信息。试想，每当我们对某件事产生情绪反应时，就会接收到有关特定情况、人物或事件的信息。我们感受到的情绪可能来自我们对当前情况的反应，也可能来自我们在当前情况下浮现出的曾经创伤性的、未加工的记忆。当我们注意到自己的感觉时，便学会了相信自己的感觉，并且变得更加善于控制它们。

我们可以通过一个简单的练习来提升自己辨别情绪的能力。我们可以在一天中的不同时间点设置计时器，计时器响的时候做几次深呼吸，记住自己的情绪感受，注意某种情绪对自己身体的影响。这样的练习越多，我们就越能辨别出自己的情绪。在练习情绪意识的同时，也要注意自身的行为。记住当我们感受到这些情绪时的行为，以及我们的日常生活是如何受到这些情绪的影响的，它是否会影响我们与他人的沟通，以及工作效率或者整体幸福感。

一旦我们能意识到自己对情绪的反应，就很容易陷入判断模式，开始给自己的行为贴上标签。但是不要这样做，我们不应该质疑自己，而要尽可能地对自己诚实，然后学会对自己的感受负责，这可能是最具挑战性的一步，也是最有帮助的一步。

一个心理学的基本常识是：你的想法和行动来源于你自己，而不是来源于其他人，所以，你才是控制一切的人。当你因为别人所说或所做的事情而感到受伤，并对他们大发雷霆时，你要为此负责。他们并没有控制你，你才是自己情绪的责任人。你的情绪可以给你提供宝贵的信息，以及你自己的需求和偏好。一旦你开始为自己的感受和行为承担责任，这将对你生活的各个方面产生积极的影响。

当你逐渐适应上述练习之后，你就可以尝试进入第二个步骤：利用情绪的组成部分来解析你的情绪感受。这需要先明确情绪究竟由哪些部分构成。通常情况下，我们会认为情绪仅仅指的是某种主观感受，但根据美国心理学家威廉·詹姆斯对情绪所下的定义：情绪是一种复杂的系统反应，这一系统的设计能让机体做好准备，对那些具有进化意义的环境刺激进行反应。

我们目前只需要关注这一定义中的"情绪是一种复杂的系统反应"，这一系统其实由3个部分共同构成：

1. 主观感受。这也是我们通常使用的那些模糊不清的情绪描述。例如，我现在感觉很糟糕。糟糕并不属于情绪词汇，它无法让我们准确了解自身处在哪一种具体的情绪中。

2. 外部表现。这个部分包括了与情绪相对应的面部表情、肢体动作、语音、语调、语速等一系列可观察到的外部行为表现。

3. 生理唤醒。这指的是当我们处在情绪中时所产生的生理反应。例如，满意愉快时，心率是平稳正常的，会感到身体温暖而且舒适；生气或愤怒时，心率会上升，呼吸会变得急促。

现在，我们了解了情绪是由以上 3 个部分共同组成的，这提示我们，如果你在识别情绪的过程中感到困难，不妨尝试从你的生理表现或行为表现入手。例如，紧绷的肩膀通常预示着你可能感到紧张和烦躁，甚至害怕；沉重而蜷缩的身体通常预示着你可能感到忧虑。

从生理表现去辨识情绪还存在着一个天然的便利条件，那就是通常情况下，由于情绪的调节基本上源自交感神经与副交感神经的相互作用，因此，生理的反应总是会比主观的感受出现得更早一些。你可以留意一下，当你在生气的时候，呼吸和心跳的变化是不是要比你意识到生气的感受要来得更早一些。所以，关注生理变化会让我们提早地察觉到自己的情绪。

同样，肢体动作、面部表情等外部行为也会反映出情绪。我们通常会因为一个人在你面前走来走去而感到心烦意乱，但你可千万别忽视来回踱步的人，他可能正处于较高水平的焦虑当中。当然，最能直接反映出情绪的行为可能还是面部表情。关于表情的识别练习，我建议大家可以在互联网上寻找一些基本情绪的表情图片来进行观察和练习。关于如何识别常见情绪的生理表现，大家可以参照本书给出的几种常见情绪的生理表现（见表二）。

表二　几种常见情绪的生理表现

情绪	生理表现
快乐	感到暖和，心跳加快，肌肉放松
恐惧	心跳加快，肌肉紧张，呼吸急促，流汗，感到冷，喉咙堵，胃不舒服
愤怒	心跳加快，肌肉紧张，呼吸加快，感到热，喉咙堵
悲伤	喉咙堵，哭，肌肉紧张，心跳加快，感到冷
惊讶	感到热，心跳加快，出汗
厌恶	肌肉紧张，心跳加快，胃不舒服

当我们完成以上两个步骤后，至少可以分辨出我们所体验到的负面情绪是否处在一个正常水平。如果你发现每当负面情绪来临时，都伴随着强烈的生理反应，那持续下去必然会影响你的身体健康。同样的，如果你经常出现失控的行为，比如攻击他人或自己，那你的人际关系或自我效能也会受到严重影响。总结来说，如果负面情绪妨碍了你清晰地思考和解决问题，以及有效地进行活动或者获得满足感，那么，这样的情绪称为不良情绪，我们需要进行调节。

因此，帮助我们识别情绪的第三个步骤就是学会评估情绪的强度。时常为自己感受到的情绪打分，会让我们进一步了解情绪的强烈程度以及它是如何波动的，并且可以帮助我们认清引发负面情绪的事件或者想法。同时，还可以帮助我们评估负面情绪是否得到了有效的改善。通常情况下，我们会使用0～100的计分方式。举例来说，如果你经常感到沮丧，并且分数都维持在50～60分以上，那你可能需要先明确是不是发生了什么事情，从而导致了负面情绪的产生。如果你发现发生的事情不足以导致如此强烈而持久的情绪体验，那你就需要进一步关注脑海中的想法或者对事情的解释，它们是否在不断地制造出这样的情绪，以此对负面情绪进行针对性的调整与改善。

在识别情绪的过程中，可能会遭遇的障碍是，我们容易混淆情绪和思维。因此，识别情绪的第四个步骤就是学会区别情绪和思维。在我做个案咨询的时候，总是会问一个所有心理咨询师都会问的问题：你现在或者某一刻有什么样的感受？说到感受，自然是询问情绪，但是有些来访者会回答出他当下的思维活动。例如，我想一个人待着；我感觉他不喜欢我；我感觉我要疯了。是的，以上的表述方式都将情绪和思维混为一谈了。

一般来说，情绪只用单个词语来进行描述，而思维是我们脑海中对于一件事情的解释或预测，通常会以一句话、一组图像和一些记忆组合而成。如果你在某个情境中有多种感受，那么，需要将它们分别用一个词语来表达。比如，你给女朋友发信息，她很长时间都没有回复你，你有什么感受？你可能会想说，我感觉她不想理我了。这样的表达是在陈述脑海里的想法，而不是描述情绪。描述情绪的语言表达是：

我感到难过、沮丧与不安。

有些时候,也会出现发生的事情和我们所描述的情绪并不匹配的情况。比如,作为父母,你的孩子放学后没有直接回家,你打电话他也不接,那你的情绪应该是什么呢?正常来说,应该是由于担心孩子的安全而产生的焦虑。但是,如果这个时候,你嘴上表达的是担忧孩子的安全,然而你的生理以及行为却表现出与愤怒相关的特征,那你就要意识到,你很可能没有明确辨识出自己的情绪感受。这会出现什么问题呢?当你的孩子回来以后,你会表现得心口不一,嘴上说着担心的话,但是孩子会觉得自己莫名其妙挨了一顿骂。这不仅解决不了实际问题,还会让孩子对你的关心表示强烈的质疑,最终,你会陷入内疚与自责。因此,在各类情境中能够准确地辨识出与之匹配的情绪,是识别情绪与改善情绪的关键。

通过以上四个步骤的练习,我们可以有效地识别情绪,分辨情境、思维、行为以及生理表现与情绪之间的关联和区别。如果可以尝试结合前面提到的五因素模型来解析我们的问题情绪,可以更加有效地将情绪这个原本模糊的感受变得更加具体化、清晰化。同时,你也可以发现哪一部分的改变会让你的问题情绪得到更有效、更持久的改善。

思维是一切的关键

通过前文的讨论,可以了解到问题情绪的发生往往是因为以下五个因素的相互作用。它们分别是:情境、思维(也就是我们对于一件事情所抱有的想法和解释)、情绪,以及行为和生理表现。我们称其为五因素模型。

这五个因素的运作方式大致遵循着以下规律:当我们产生负面情绪的时候,会认为是因为我们遇到了糟糕的事情,而忽略了在负面情绪产生前的一刻,我们脑海中往往会闪过一系列的想法,而负面情绪恰恰是被这些想法所制造出来的。负面情绪的出现也会伴随着相应的行为和生理的变化。当你顺应负面情绪做出相应的行为或者感觉到身体所传递给你的真实反馈时,会刺激你产生更加偏激的想法,从而使你的情绪强烈程度有所增加。而这一过程往往会在很短的时间内完成,导致我们很难意识到。所以,学会使用这个模型去解释你所面临的问题,你会发现它几乎适用于所有负面情绪,也能让你清晰地意识到,为什么问题情绪总是会给人带来一种无力解决、无从下手的混乱感。

如果说前文的内容是为了让你以一个全新的视角看待和解释所面临的问题情绪，那么，从此刻开始，我们将逐步进入解决问题情绪的阶段。在这个部分，你可以了解到，如果我们想要改变上述提到的恶性循环，首先需要从思维，也就是脑海中的想法入手。这要求我们必须掌握思维与其他四个因素的关系，以及它们是如何相互影响的。

一、思维与情绪

现在，我们试着推测一下你在看这本书的过程中可能会出现的几种想法。如果你想到的是"这说得太对了，我终于明白了"，随之而来的情绪会是什么呢？你可能会感觉到困扰自己多年的问题情绪终于有办法去解决了，于是你会产生兴奋以及期待的情绪感受。当然了，你也可能会想"说的都对，我也知道是这样，但我就是做不到"，于是你会感到沮丧、抑郁。你还可能会想"说得太复杂了，我根本看不懂，是不是我比别人笨"，然后你会感觉自责或烦躁。

上述举例恰好再一次说明，情绪的产生依赖于我们的思维方式。通常情况下，负面情绪往往会引出一些不合时宜的行为，或者让自己感到很糟糕。如果在行为出现之前，我们就能够意识到自己的想法可能并不合理，也并非事实，那么，这有助于减少负面情绪给自己和他人带来的困扰。如果你能够意识到，你做不到的事情并不是因为你的能力不够，而是负面情绪在影响你，你会发现自己当初的想法是不准确的。

生活中还有一些情境会让你产生一种错觉，认为所有人遇到这些事都会和你有一样的想法。比如，有些人会认为失去工作是非常糟糕的事情，觉得自己太失败了，什么都做不好，然后感到抑郁。但你可能意识不到，由于每个人的信念系统不同，有的人会认为"虽然这很糟糕，但也许对我来说可能会是一次新的机会，我愿意去尝试一份不同的工作"。于是，这些人就会对未来抱以希望和期待。

当然，思维和情绪之间的关系并非如此简单。很多时候，当出现一种负面情绪时，你的想法会继续加强你的情绪。比如，愤怒的人脑海中会充斥着自己是如何被他人伤害的；抑郁的人会将想法聚焦于事情消极的一面；焦虑的人会不断说服自己相信事情的发展一定不会有好结果。其实，可以根据思维和情绪的关系做一个简单的总结：情绪越激动，思维就会越极端；思维越偏激，情绪一定也会更强烈。我们可以结合自己的经历，以此更好地理解思维和情绪之间的关系。

二、思维与行为

大家是否关注过，其实，大多数人的行为准则都是去做那些我们认为自己有把握做到的事情。这里给大家分享一个小故事。1954年以前，几乎没有任何人会相信4分钟以内可以跑完一英里。哪怕是世界上最好的运动员，也只能跑出4分多一点的成绩。但这个看似不可能的事情，被一个名为罗杰·班尼斯特的英国运动员打破。他坚信，可以通过训练和调整跑步方式来突破这个瓶颈。仅仅通过几个月的努力，他在 1954 年成功跑出了 3 分 59 秒的成绩。在班尼斯特打破纪录的 6 周之后，越来越多的运动员在 4 分钟以内跑完了一英里。更有趣的是，这些运动员的技巧并没有实质性的改变，改变的仅仅是他们开始相信自己也能够做得到。这并不是在告诉你，任何事情，只要你相信就一定能做到，而是希望大家能够理解，当你对一件事情开始抱以相信的态度时，你会更愿意尝试去做，那么，你获得成功的可能性就会更大。

在生活中，当负面情绪出现时，你可能完全意识不到你会出现何种行为，其实，很多时候都仅仅是因为你的思维。我想分享给大家一个观点：一个人做一件事情的方式就是他做一万件事情的方式，因为他的思维方式从未发生过改变。所以，我们需要适时转变我们的思维。

接下来，通过一个小情境来模拟一下思维与行为之间是如何相互作用的。举例来说，有相当一部分 60 岁以上的老年人会时常被负面情绪所困扰，但是作为家人，很可能并不能及时发现，反而还会认为自己的父母只是越活越像小孩子了。这部分老年人容易陷入负面思维，比如，我的人生已经到头了；我再做什么也没有意义了；我下半辈子的幸福就靠儿女了，儿女再不顺我的意，我还不如不要活了。我们会发现，这些想法会直接导致很多老年人过于依赖儿女，从而主动断绝自己的人际关系。在家中时，他们会将注意力完全放在儿女身上，对儿女的一切都希望参与其中。当儿女不顺从自己的时候，他们甚至可能会产生轻生的念头以及行为。

当然，还有很多老年人对当下的生活以及未来依旧抱有积极的想法。他们会认为儿孙自有儿孙福，自己虽然老了，但是还可以去做很多有意义的事情。比如，他们会去老年大学学习，和朋友出去旅游，跳跳广场舞，甚至是再次为自己选择一份力所能及的工作。由此我们会发现，看待事物的不同方式会直接导致不同的行为结果。

三、思维与生理表现

假设你现在正在看一部电影，通常我们都会预测接下来电影情节会往什么样的方向发展。如果你认为接下来会发生一些恐怖或暴力的场景，那么，你也会出现相应的生理表现，比如心跳加速，呼吸变快。如果你期待接下来会发生一些浪漫感人的情节，那么，你很可能会感到身体暖暖的，很舒适。

在生活中，很多人会这样表达一种感受：你知道吗，这首歌太燃了。这个"燃"字，其实表达了一种生理感受，好似血脉偾张的感觉。这种感觉来自听到一首歌或看到一个场景时脑海中涌现的一些想法，这些想法通常是以画面的形式表现出来的。

在我做过的个案咨询中，有一些来访者有着强烈的焦虑情绪，有些甚至有着强烈的疑病倾向，他们总是担心甚至坚信自己一定患了很严重的疾病，于是，他们会将大量的时间都用于关注自己每天的身体变化。比如，有些人会因为时常腹泻而怀疑自己可能患了肠癌。其实胃肠道功能和情绪有着密不可分的关系，人们总是将胃肠描述为"情绪器官"，不然我们为什么总会在心情不好的时候觉得胃口也不好呢？当我们开始怀疑自己的肠胃可能患了严重疾病时，自然会感到很焦虑，焦虑会直接影响到神经系统，从而导致胃肠道功能更加失调，由此进入一个恶性循环。

因此，思维不仅会让生理出现反应，甚至会直接影响到我们的身体健康。心理咨询中有一个很著名的效应——安慰剂效应，其实也是在表达这个观点。当我们相信某种药物或某种疗法对自身的疾病有效时，实际的治疗效果就会大幅度提升。有趣的是，最初做这个实验时，被患者认为有效的药物其实只是淀粉丸。认知科学研究认为安慰剂效应的成因可能是由于信念属于大脑活动的一部分，当我们相信某种药物有效时，这个部分将会被激活，进而对身体产生直接影响。

四、思维与情境

首先，需要强调的是，情境并不会直接影响情绪，起决定性因素的往往是我们的思维。你一定也曾经好奇过，为什么同样一件事你并没有很气愤或很悲伤，但是你的朋友就会如此。这是因为我们每个人所处的情境不同，其中包括父母的教养方式、学校的教育、与朋友的相处方式、个人的信仰，甚至是文化、性别等共同构成了我们看待自己、看待他人，以及看待世界的方式。正如前文提到的，不同的信念系统会孕育出不同的思考、解释和预测事情的方式，于是，自然会创造出不同于他人的情绪反应模式。

因此，想要更深层地解决问题情绪，我们需要对自己的信念系统有所理解并加以矫正。关于信念系统的部分，将在后文深入讲解，这里只是为了让大家理解情境是如何影响思维方式的。每个人不同的思维方式不应该受到"好"与"坏"、"对"与"错"的评判，我们能做的是透过自己或他人的思维方式，去真正了解背后潜在的信念系统，从而对自己的问题情绪有更加深入的理解，最终获得更有效、更持久的改变。

抓住你脑海中的"坏念头"

到目前为止,我们了解了思维与情绪、行为、生理表现以及情境之间究竟是如何相互影响的。其实,很多时候思维才是引发问题情绪的核心,因此,解决问题情绪的根本是矫正不合理的思维方式。当然,思维有的时候就如同情绪一样让人难以捉摸,虽然我们每天睁开眼就会动用各种形式的思维去解决一系列问题,甚至每天可能都会提到这个概念。比如,我们经常会评价他人的思维方式,但如果让我们用简单清晰的语言介绍这个概念,恐怕并没有那么容易。

在后续内容的阅读过程中,建议大家始终把握"思维"这个关键词,但必须明确一个观点:从思维入手解决问题情绪并不等同于用盲目乐观的心态去看待问题。对于那些经常感到抑郁、焦虑或愤怒的人,如果让他们凡事都往好的一面去想,他一定会告诉你:哪有这么容易。

事实上,从积极的角度去看待问题并不会让问题情绪完全得到改善,而且在这个过程中,我们还容易忽视负面情绪当中所蕴含的一些有价值的信息。这就好比,当你感觉到身体某个部位出现疼痛时，你只知道服用止痛药，但这只能起到缓解作用，可怕的是它很可能会让你忽略是什么原因导致了身体的疼痛。因此，合理有效的办法是：面对问题时，要同时结合消极、积极等各方面信息来进行全盘的考虑，清晰地分析出负面情绪当中潜在的有价值的信息，继而制定出解决问题的有效策略。

具体来说，假设你是一个害怕社交的人，在你参加聚会之前，如果仅仅用乐观的心态去说服自己，认为今天自己绝不会再紧张。你会发现，你的乐观很容易就会被突如其来的焦虑所击溃，剩下的就是挫败感。有效的做法应该是，先肯定自己一定会感到害怕，同时让自己准备好各种应对措施。只有这样，事情发展到超出预期时，我们才能更加灵活地应对。而想要做到灵活应对，我们就要像学习任何一门技术一样，一点一点吸收，一步一步练习。如果你考过驾照的话，我相信，你会明白我的意思。

那么，思维究竟指的是什么？我们可以将思维大致分成两个类型：第一，控制性思维；第二，自动化思维。我们在工作或学习过程中，将注意力聚焦在某个问题上进行思考，尝试解决问题时，所使用的就叫作控制性思维。顾名思义，这类思维是你能意识到的、受你控制的，也是具有目的性的。那么，什么叫作自动化思维呢？那就是不受你控制的，你在生活中也不容易觉察到的思维。举例来说，你原本在专心做一件事情，突然间，你的思绪就被一个涌现在脑海里的想法所带走，也可以理解为通常所说的"一念之间"当中的这个"念"字。而往往是自动化思维制造着复杂多样的情绪感受。

试想一下，你有没有在早上醒来的时候，突然间想到了什么，然后一天都会不开心。从此刻开始，你要明白，这些自发涌现在脑海里的不受你控制的想法，就叫作自动化思维。这类型的思维通常以一句话、一个画面或者碎片化记忆的形式出现。自动化思维是解决问题情绪的"主要战场"。

大家不妨思考一下，自动化思维和控制性思维存在着什么样的关系？为什么要把思维划分成这两种类型？其实，这里面潜藏着一个解决问题的思路：我们的目的是要在负面情绪产生的时候，觉察到引发这一情绪的自动化思维，并将其转化为控制性思维，最终，达到实现控制情绪反应的目标。

当然，自动化思维很可能每天都会大量的涌现，甚至不夸张地说，每时每刻都会出现，你只是没有意识到，我们往往会在毫无防备的情况下完全接受和相信这些想法。简单说，你越相信负面想法，伴随的情绪感受就会越强烈。这似乎解释了为什么负面情绪总在看似毫无征兆的情况下出现。

但是，值得注意的是，绝大部分自动化思维都不会引起过于强烈的情绪感受，所以我们只要能够识别出引发我们强烈情绪感受的那一个或几个自动化思维，便足以解决问题。即便不用面对所有的自动化思维，但这依然不是很容易就可以做到的，需要在具体的情境中不断地尝试、练习。

我来出一道题，大家可以思考一下。假设，你有一个心仪很久的东西，想要买给自己，于是开始攒钱。当钱攒够的时候，你发现这个东西已经卖完了，这一刻，你会怎么想？你会出现哪些自动化思维呢？想要正确应对这个问题，其实并不简单。

正确的方式应该是，让自己放松下来，闭上眼睛，尝试着让自己真的处在那样的情境中，然后将不受自己控制就会出现的想法记录下来。最后，看一看哪些想法会让自己的情绪比较消极，并且把它标注出来。同时，我们要注意不要将情绪和思维混淆，比如，你很可能会这样说："那我一定很郁闷。"但郁闷是一种情绪，而我们要识别的是让你感到郁闷的想法。你也可能会这样说："就是这件事情本身让我很郁闷，这还需要什么想法。"如果你的回答是这样的话，那你是否还记得前文所提到的"情境往往不直接决定情绪，情绪更多的是取决于思维"。因为我们完全有理由相信，虽然买不到这个东西可能会让大部分人不开心，但是具体的情绪感受是不一样的，所采取的应对方式也是不一样的。

那么，针对上述问题，我来说两个可能会出现的想法，仅供大家参考。你也许会这么想："太糟糕了，我永远都不可能得到它了。"于是，你就会感受到沮丧或抑郁。你也可能会这样想："它怎么能卖完呢？怎么会有这么做生意的商家呢？太不负责任了吧！"伴随着这样的想法，所出现的情绪又是什么呢？当然是生气、埋怨甚至愤怒。正如之前所说的，情绪是需要被明确和具体化的，引发这些情绪背后的负面想法也同样需要被我们识别到。

在上面这个问题中，引发我们沮丧、愤怒的情绪感受的自动化思维是不合理的，是一种负性的自动化思维。首先，你不可能真的永远买不到它；其次，商品缺货是客观事实，是时有发生的，也是你无法控制的。因此，矫正类似这样不合理的自动化思维，才是解决问题情绪的真正关键。

接下来，我分享两个有助于识别自动化思维的问题。当我们感到负面情绪来临的时候，可以试着问问自己：在我体验到这种感受之前，我想到了什么？这件事情或情境，让我联想到了什么画面？或者引发了我什么样的回忆？

以上这两个问题是比较通用的，也就是说，可以在你不清楚自己感受到的具体是哪一种情绪时使用。接下来，针对一些具体的情绪，我将提供一些引出负性的自动化思维的特定问题。

通常情况下，当我们感到悲伤或抑郁的时候，很容易以消极的方式看待自己或未来。因此，当你明确自己的情绪是抑郁、沮丧或悲伤时，你可以问问自己：这件事情对我来说意味着什么呢？对我的人生和未来又意味着什么呢？

当我们感到焦虑不安时，涌现出的负性的自动化思维往往会让我们相信事情的结果是可怕的、糟糕的、无法解决的。这个时候你可以尝试问问自己：这件事情最糟糕的结果是什么？

当我们感到愤怒时，很容易将关注点全部放在别人是如何伤害我们的，从而，我们的自动化思维也往往会片面地认为别人是不尊重我们的，对我们是不公平的。这个时候，你可以问问自己：其他人看待我的方式对我来说意味着什么？对其他人来说又意味着什么？

以上这五个问题，我们并不需要全部都使用，可以只使用前两个通用问题，也可以针对具体的情绪去使用相应的问题。

总结来说，当我们在生活中感受到程度比较强烈的负面情绪时，首先，要明确自己感受到的是哪一种具体情绪，然后，用上述的五个问题去尝试找出引发这个情绪的自动化思维。随着一段时间的练习，你会找到自己的情绪和思维的运作规律。当掌握了这些规律之后，你会发现问题情绪会开始变得容易预测，解决它也随之变得容易很多。

一切想法的发源地——信念

负性的自动化思维往往是激活消极情绪的根本原因。感到焦虑的人，通常会认为事情不会朝好的方向发展；抑郁的人总会关注事情的消极面；而愤怒的人，则时常会感到别人在针对或伤害他。甚至，可以这么说，我们每天的生活剧本大部分都是由自动化思维所编写出来的。你随时可能被脑海中的念头影响，然后一天都处在糟糕的情绪中。正如前文所提到的，我们最终要学会如何与负性的自动化思维保持距离，用更为理性的控制性思维去处理复杂的人际关系与生活事务。想要做到这一点，需要进行更深一层的探索，那就是这些负性的自动化思维究竟来自何处？

说到这里，我们需要了解三个概念：自动化思维、中间信念以及核心信念。这三部分是由浅入深的关系，自动化思维是其中最为浅表的认知，是无时无刻会自发涌现于我们脑海中的想法和念头；掩藏在自动化思维下的是中间信念，也称为"潜在假设"；而在我们每个人内心最深处的就是核心信念。

在成长过程中，由家人、朋友乃至所处的文化氛围、信仰体系所共同建构出的系统帮助我们解释眼前这个世界、他人以及自己。需要注意的是，这里我使用的是"解释"，其实，很多时候我们看待自己以及他人的方式并不是真实客观的，需要加以解释才能获得对一个人、一件事的认识。而这种认知方式更多地来源于儿时父母、朋友对自己的评价，它也会影响个体对自己及周围世界的看法，我们称之为核心信念。

例如，孩子在童年时期，往往对自我的概念是模糊的，他不清楚自己究竟是什么样的人，父母、老师以及身边的朋友是他获得自我评价的重要途径。父母的教育尤其关键，如果父母总是斥责孩子什么都做不好，这样的方式非但不能帮助孩子，反而会让孩子觉得自己是不被爱的以及无能的。然后，当他遇到一些自己无法解决的事情时，这样的评价又会被重新激活，由此循环往复。他认为自己是不被爱的，随着时间的累积，这样的信念会越来越根深蒂固，最终变成这个人看待自己的一副"有色眼镜"。这就是核心信念的形成。

由于核心信念根深蒂固，影响深远，我们通常在生活中是很难意识到的。但是，当我们在生活中遇到一些比较负面的事情时，这样的核心信念随时有可能被激活。比如，一个从小就经常受到父母批评的人，在步入社会建立人际关系之后，很可能总是将他人的一些言行解释成对他的批评。也可以理解为，这样的人总会将自己置于"受害者"的角色中，但内心并不愿意让自己时刻处在一个自我否定的状态中。这会令人崩溃，于是，他便采取各种各样的补偿策略，将这些被激活的负性核心信念抵挡在意识之外。例如，一个人的核心信念是觉得自己"不可爱"，那么，他有可能使用自恋的策略来进行补偿，从而使自我感觉良好。

中间信念介于深层核心信念与表层自动化思维之间。核心信念的不断巩固与发展会直接影响中间信念的形成，中间信念的形成会让人不断产生自动化思维。我们可以理解为核心信念是一组对自己、他人、世界的概括性的、一般性的评价。例如，上文提到的"我是不值得被爱的，所有人都会欺骗我，我是无能的"，这都属于核心信念的范畴，而中间信念是这些核心信念在具体领域中的表现。

我们用一个具有普遍性的事例来加以说明。有这样一位女士，她的孩子在上初中以前是很听话的，学习也很努力，但是升初中后，孩子开始沉迷于游戏，学习成绩不断下滑，也总是忤逆她。这位女士对此表示出强烈的担忧与焦虑。通过分析发现，在这位女士小的时候，父母对她就十分严格，她也很努力地想要得到父母的认可，但是无论她怎么努力，父母都没有对其表示认可，这导致她形成了一种"我是无能的"核心信念。这样的核心信念会在不同的情境中以不同的表现形式被激活。当她成为母亲时，在教育孩子这个问题上，她所持有的这种信念就可以被理解为中间信念，而核心信念又影响着中间信念。

中间信念往往由三个带有逻辑关系的层次组成，依次是态度、假设和规则。还是以上述事例来说明。这位女士对于教育孩子所持的态度是什么？她会认为她的孩子不听她的话是非常糟糕的，是不能接受的。在这样的基础上，这位女士会形成一系列潜在假设，通常我们将其归为积极假设与消极假设。积极假设：如果孩子听她的话，他就会有好的未来，那么，她的教育就是成功的。消极假设：如果孩子不听她的话，那么，他的未来就完蛋了，也就证明她是无能的。于是，不难发现，只要当孩子不听话的时候，她的消极假设便会成立，她的负性核心信念就会被激活。但是，人们又不能接受自己处在这样一种负性核心信念被激活的状态中，这会令人崩溃。所以，我们需要形成规则，就好比这位女士会形成：我必须想尽一切办法让我的孩子听我的话。在这样的基础上，这位女士会不断受到负性的自动化思维的侵扰，时常感受到焦灼的情绪。于是，为了减缓负面情绪带来的冲击，会产生诸多的应对方式或者补偿策略，比如，一部分父母面对这样的事情，会选择用讨好、顺从孩子的策略试图让孩子听话。但是，我们都应该清楚，这样的应对方式与补偿策略是无法持续奏效的。当补偿策略失效时，我们会面临更为强烈的负面情绪。

所以，如果在工作、学习、家庭教育、夫妻关系或其他特定的生活情境中，我们经常会出现某一类具体的负面情绪，我们就要意识到，很可能是我们的负性核心信念被激活，从而导致在这个情境中所持有的中间信念出现了问题。

在中间信念的部分，我们需要重点关注的是"潜在假设"。通过上述分析，我们不难发现，潜在假设实际上是直接导致产生负性的自动化思维的原因。这也就是为什么我们会直接将中间信念称为潜在假设。

需要提醒大家的是，潜在假设中的积极假设未必就是合理有效的。例如，如果我努力，那么别人就会喜欢我。这看似很积极的假设，但是它却不合理。在现实生活中，这样的假设很可能让我们遭遇挫败，因为无论你怎么努力，总会有人不认可你。那么，对于这件事情的消极假设自然是：如果我不努力，那么别人就不会喜欢我。这自然也是不合理的。积极假设与消极假设共同构成了潜在假设，只有当我们识别出自己在面对一些事情的潜在假设时，才能发现这些假设是否合理。

这里需要再次提醒大家，很多潜在假设可能看似合理但却不合理，例如很多人说过的一种假设：如果你爱我，那么就应该包容我的一切。说到这里，我们似乎就可以明白，为什么很多存在这样假设的人，通常都很难在现实中遇到这样的人，即便真的遇到了可以包容他们一切的人，那么这份"无条件的包容"是否又说明了对方的某些信念也是存在问题的呢？因此，拥有理性思维十分重要，不仅对改善负面情绪有很大帮助，而且建立在理性基础上的情感才能真正成为人际关系中的良性驱动力。

说到这里，不妨进一步了解一下通常对我们生活有着极大破坏性的信念有哪些。我总结了以下七个典型的破坏性信念，它们会让你在生活中不断重复性地遭遇人际关系的困境。

一、和我建立关系的人最终都会离开我

如果在与人交往的过程中，你发现自己非常需要对方给予的安全感，那么，你需要回到自身，关注一下你是否意识到自己其实害怕被对方抛弃，或者你真正害怕的是丧失一段关系后，你将无法再去建立另一段关系。这样的信念会让你在一段关系中利用讨好、顺从、妥协、丧失底线等方式去紧紧抓住对方。

二、别人不可能伤害我、操纵我

具有这类信念的人坚信那些真正爱自己、照顾自己的人绝不可能做出伤害或是利用自己的事情，所以他们通常会对那些对自己好的人毫无保留，甚至放弃自我界限。但可怕的是，一旦对方做出一些给自己带来伤害的行为时，他们往往会认为对方这么做一定是自己不够好，甚至会不断地控诉自己罪有应得。

三、没有人愿意理解我、认可我

具有这样信念的人往往会在人际关系中过度渴求被理解、被需要。当他们一旦发现自己被某个人需要时，就会牢

牢地抓紧，不断地付出，希望自己能够成为对方心目中独一无二的存在。如果对方表现出"不再需要"的信号时，他们会立即感受到自己的情感完全被剥夺了，从而再次认为没有人理解和认可自己。

四、我没有资格让别人欣赏我、爱我

具有这类信念的人总会过分关注自身的缺点，在社交场合中也会异常关注别人对他们言行的反应。比如，当这类人感觉到自己的某句话可能会引起冲突时，他们就会以主动道歉的方式来试探对方是否生气了。同时，具有这类信念的人还可能会伴有一定程度的"容貌焦虑"，总觉得自己不够好看。

五、如果我没有满足别人的需求，别人就不会关心我

拥有这类信念的人会过分关注他人的需要，喜欢讨好他人。他们往往认为自己别无他法，只能随波逐流，从来不敢说出自己的真实想法。他们认为自己的想法是不重要的，如果表达出来还可能遭到对方的否定或反感，最终会失去与对方的这段关系。

六、我有帮助他人解决问题的责任与义务，我必须这么做

很明显，具有这样信念的人在生活中会给别人一种具有奉献精神的积极状态。他们往往有着很强的共情能力和同理心，但问题也恰恰出在这里，在一段关系中，他们会不断地合理化对方所做出的伤害他们的行为，似乎一切行为他们都

可以表示理解，也希望可以通过自己的努力去帮助对方解决这些问题。

七、无论我怎么努力都不够完美

具有这类信念的人，在一段关系中会不断地、竭尽全力地努力给别人看，以此来寻求他人的认可，在他们眼中，似乎证明自身价值的途径是他人的认可。

以上罗列的七个典型的破坏性信念并非让你一一对号入座，倘若觉得自己不幸中招，你需要的不是贴上一个标签，因为这样做会让你模糊具体的问题。我们需要做的是，在生活中学会觉察这些错误的信念是如何影响你的。请一定记得，改变自己需要从信念的改变着手，而不是和自己较劲。具体怎么做呢？

首先，我们需要关注经常会出现的某种情绪或产生的某个行为，然后将这个行为或情绪放在"如果"这个词的后面进行造句，你会得出潜在假设的前半句。举个例子，假如你发现自己总是在家人或朋友的聚会中保持沉默，那么，可以用这个方法造一个句子，比如"如果我在聚会中保持沉默"，这样就得到了一个潜在假设的前半句，而后半句可以根据自己的实际想法进行补充。你可能最终会得出这样一句完整的潜在假设：如果我在聚会中保持沉默，那么我就不会说错话，就不会尴尬了。当然，你也可能会得出其他的潜在假设，比如"如果我在聚会中保持沉默，那么我就会得到大家的关注"。

我们不难发现,对于不同的假设,处理事情的方式也不同,因为我们感受到的情绪是完全不同的。前文提到过,学会识别自动化思维是干预负面情绪的关键。现在,我将这个结论进行升级:潜在假设,是我们应对负面情绪的关键。干预这些假设最好且最有效的方式,莫过于检验假设是否真的成立。

通常,我们会采取行为实验的方式来进行检验。行为实验指的是将我们情绪背后的假设设计成一系列具体的、可量化的行动,通过产生的结果去验证那些假设是否真的成立。行为实验有非常多的设计思路以及完成方法,比如,可以将"如果……那么……"中的"如果"这个部分实际做出来,然后看一看后面"那么"的部分会不会真的发生;或者,在面对一个旧的问题时,尝试做出一个与以往完全相反的行为,看一看结果又是如何。你也可以询问一下身边的人,看看他们在和你面对同样一件事情时,是否和你拥有相同的假设,他们又是如何做的。

再次提醒大家,行为实验看似简单,但是需要严谨的设计与合理的施行,否则可能会适得其反,加重我们的情绪反应。

接下来,要进一步了解的是应对策略。当我们形成一系列的潜在假设之后,会在此基础上形成相应的规则。比如,当你假设去医院检查身体,那么就一定会查出很严重的疾病。于是,你就会形成"尽可能不去医院检查身体"的规则。我们可以将这些规则理解为是一种应对策略。应对策略的出现是为了防止我们所担忧的那个结果发生,或者为了避免激活负性核心信念。就拿去医院检查身体这件事情来说,"尽可能不去检查"就属于一种逃避策略。那么,逃避策略究竟有没有效果呢?当然有,短暂的逃避可以有效地缓解焦虑情绪,但从长远来看,效果有限,甚至最后会避无可避,到那一刻,我们会遭受更为猛烈的情绪冲击。

为了让大家更好地理解,我再举一例。假如我们在人际关系中形成这样一种假设:如果我和他的观点不一致,那么他就不会愿意和我交朋友了。我们最有可能会触发什么样的应对策略呢?我们有可能会顺从,甚至是讨好。这就是所谓的顺从策略。

我在前文中提到过一个例子:很多父母因为害怕孩子的叛逆会导致严重的后果,便选择一味地顺从和讨好孩子。同样的问题,顺从策略有效果吗?有,但不长久。因此,不难得出一个结论:在某种程度上,评估情绪是否会出现问题,或人际关系是否会出现问题,一个很重要的因素就是,我们是否在持续过度地使用同一种应对策略,而并没有意识到这个策略很可能早已失效。

其实,无论是自动化思维还是中间信念,说到底都来源于我们的核心信念。因此，解决问题情绪的根本在于核心信念的修正。除了前文提到的负性核心信念，还存在着正性核心信念。在现实生活中，当我们遭遇一些事情时，有可能会激活正性或负性核心信念，从而产生相应的情绪感受。当我们处在负面情绪中时，所产生的行为又会进一步巩固和强化原本就坚信的核心信念，所以，修正核心信念无疑是困难的。

信念系统是一套不断循环论证的系统，当我们坚信某个信念时，就倾向于为其寻找证据来不断确认。举例来说，当一个女孩子具有的负性核心信念是"没有人会喜欢我"，那么当她遇到某个男孩子的约会邀请时，她也许就会有"他肯定不会喜欢我，可能找我有别的事情"，甚至是"他会不会对我做出一些不好的事情"这类消极的假设或信念。现在，我们可以试想一下，如果这个女孩子去赴约的话，会发生什么？她大概率会倾向于去捕捉那些符合她的假设或信念的言行举止，以此来强化自己的核心信念。

正如前文中所提到的，核心信念是在童年时期与父母、同伴、老师等一系列身边人的互动过程中形成的，对我们来说根深蒂固，影响深远。最初，我们会在家庭成员或周围人的身上感知到关于自我、他人与世界的看法。比如，这些人会告诉我们：什么东西是可以吃的；什么是不能吃的；小猫小狗是可爱的；或者生活是充满欺骗的；自己是笨拙的……于是我们会相信这些好的或不好的看法都是真的，最终，我们会在自己的生活实践中去激活这些信念。

例如，当你发现学校里长得好看的人都很受欢迎，于是你可能会调动之前存储于脑海中那些不好的想法去解释这个现象，从而得出一种负面的结论：我没办法受到大家的欢迎。这些结论又会再次储存在脑海中，等待下次被激活，被验证。

现在，不妨尝试松动一下类似的信念。首先，回答自己一个问题，是不是一定要矫正负性核心信念才能解决现实问题呢？不一定，即便只是改变自动化思维与中间信念，都足以让我们改善目前的情绪状况。核心信念虽然在童年就开始形成，但也是在成长中不断地积累才得以发展的。如果我们从现在开始不断地去积累新的、良性的自动化思维与潜在假设，随着时间的推移，最终，负性核心信念是否会在不知不觉中有所松动呢？因此，我们大可不必感到焦虑，我们可以从自动化思维开始，慢慢学习与成长。我相信每个不同的阶段都会让大家有所收获，未来也值得我们期待。

当然，解决问题的关键在于识别问题，核心信念虽然难以察觉，但也可以通过一些方式被识别出来。现在，我分享一个可以有效识别出核心信念的技巧，大家可以在生活中试着进行自我检测。这个技巧是：箭头向下。简单来说就是，我们可以顺着某一条让我们产生情绪的自动化思维，通过几个问题，一路追问下去，最终让核心信念显现出来。

我为大家做个示范：我在撰写这本书的时候，有时会出现类似"这本书的内容也许不会帮到大家"这样的自动化思维，于是会产生比较沮丧的情绪体验。现在，我们使用箭头向下的方法，尝试挖掘一下背后的核心信念。我会在一张纸上写出我的这条思维，在这条思维的下面打个括号，括号里写下一句话：如果这本书的内容帮助不了大家，对我来说意味着什么？接下来，我会继续在括号下面画出一个指向下方的箭头，然后回答对我来说意味着什么。我的回答可能是：这意味着我会受到不好的评价。我继续在这句话下面打一个括号，然后在里面填写：如果受到不好的评价，对我来说意味着什么？现在我们会发现，这样的追问可以一直进行下去，直到获得一个具有高度概括性且绝对化的短语，比如"我很失败，我是无能的"。此时，核心信念就会显露出来。

　　上述示范的出发点是为了识别我们的一些核心信念，当识别出这些核心信念后，我们接下来面临的就是如何去评估与矫正。这个部分属于实际的应用层面，我会在本书的后续内容中结合具体的情绪问题，给予大家一些方法与技巧。最后，我们来了解一下几种常见的负性核心信念。通常，负性核心信念分为三大类：我不可爱；我是无能的；我是无价值的。其中每一大类都会有很多的表现形式，比如我不可爱表现为我不受欢迎，我是多余的，我会被拒绝等。而我是无能的则表现为我是失败的，我不如别人等。

　　总结来说，这样的表达形式在实际生活中非常多，我们也很容易听到或观察到。随着不断地深入学习和练习，大家可以在生活中自主搜集、积累相关的表达形式，在这里我就不一一列举了。

负面情绪来临时，我们可以做什么？

根据前面的内容，我们已经逐渐搭建出了应对问题情绪的基本理论框架。你可能仍然感觉到有些混乱，不得其法，请别着急。现在，我们尝试按下阅读的暂停键，可以拿出一张纸和一支笔，简单画个图，总结一下究竟学到了什么。

首先，请在纸上画出一条横线，可长可短，只要它足够让我们在横线的上方写下影响问题情绪的五个因素即可。我们试着回忆一下这五个因素分别是什么。它们是情境、情绪、思维、行为以及生理表现。接下来，请在横线上找到思维这个因素，在其下方画出一条竖线，在这条竖线的中间部分写下中间信念，同时在后面打个括号，括号中写出中间信念所包含的三个方面：态度、假设以及规则。竖线的末尾则写下核心信念。由此，我们就会得到一个"T"形图，这张图会清晰地告诉我们：问题情绪通常是在五个因素的共同作用下产生的，它们相互影响，其中的决定性因素是我们对一件事情的看待方式，也就是我们的自动化思维。

识别与评估不合理的自动化思维，有助于我们改善问题情绪。如果我们经常被某种特定的负面情绪困扰，就需要意识到很可能是我们的负性核心信念被激活了，它经由中间信念，向我们源源不断地输送着负性的自动化思维，导致我们在负面情绪中难以自拔。因此，想要持久性地改变负面情绪，我们需要深入到中间信念，对核心信念予以矫正。

接下来，我们需要回答情绪管理过程中的一个基本问题：当负面情绪来临时，究竟应该做些什么？我们可以将这个问题理解为应对负面情绪的总体性态度，其实，就是很简单的两个字：接纳。这是一个很常见的回答，但是，很多人却不知道该如何实现这种状态。

我举一个例子。在生活中，我们难免会得知身边某个人患了重病，我们会发现，这个人起初一定是拒绝接受这个结果的，随之而来的就是痛苦的煎熬。在这个痛苦中，往往包含着震惊、恐惧、愤怒、焦虑以及抑郁。这些复杂情绪的背后是一系列负性的自动化思维：怎么会是我？我不能接受，我不相信。在随后的几个月，患者会逐渐平静下来，是什么让他平复了心情呢？是因为他接纳了这个结果。接纳也许并不会帮助我们解决现实问题，但是，接纳的态度恰恰就会让人释然：有些事情，是无法解决的。于是，我们便会迎来事情发展的转折点。有的人会从原有的自动化思维中跳脱出来，继而发展出新的替代性思维：虽然我还无法接受这个结果，但这已经是事实了，剩下的时间里，我要珍惜生活，珍惜身边的人。

当然，在生活中，我们并不会经常遭遇程度如此强烈的情绪体验，但是，当负面情绪来临时，接纳的态度是普遍适用的。需要注意的是，接纳的态度并不代表我们凡事都要往好的方向看，一味地试图用积极思维强硬地取代消极思维，反而会让人无法看到事物本来存在的消极的一面。关于接纳，一种合理的解释是，接纳意味着我们承认所面对的困境，意味着我们愿意去理解困境背后的原因，找到合理且适合自己的方式去处理眼前的困境。那么，我们究竟应该怎么做才能实现接纳呢？接下来，我将为大家提供一个基本策略和一个基本原则。

基本策略是椅子策略。想要理解这个策略，我们需要知道情绪的基本特性——短暂性。很多突如其来的情绪感受往往是短暂的，来得快，去得也快。也许这个时候你会想要反驳我说："不对，我今天就因为中午发生的一件事情，让我到晚上都感到很不开心。"这很常见，但这并不能说明情绪本身会持续一整天。我们应该考虑的是，在感受到情绪的那一刻，我们做了一些什么样的反应，从而人为地延长了情绪感受。比如，当我们因为某件事情感到愤怒时，会本能地想要反抗、反击。当付诸行动时，你的愤怒情绪只可能被延长，因为对方也会回击，然后，我们会陷入越争吵就越生气，越生气就越想争吵的循环状态中。最终，我们离需要面对和解决的现实问题越来越远。

现在，我们应该更加清楚地理解了情绪的短暂性，由此，可以得到一种处理突发情绪的应对方式，那就是，当我们处于较为强烈的情绪中时，如果无法判断做什么是合理的、正确的，那就最好什么都别做。找一张椅子坐下来，等待情绪逐渐退去，也不失为一种有效的策略。下一次，当你再次感受到愤怒的情绪时，当你发现自己已经站起来了，向对方走过去了，摩拳擦掌准备发起攻击时，不妨试着让自己原地坐下来，降低身体的重心，形成一种沟通姿势，这样会让你逐渐平复下来。我们将这个策略带回那张 T 形图中，可以做出如下的解释：当情绪产生时，必然会引发相应的行为反应，而行为的出现又必然会引发负性的自动化思维，最终导致情绪的强烈程度不断上升。如果这时我们选择暂时中止一切行为，就会阻止情绪感受进入一种恶性循环状态。

接下来，我们来看看一个基本原则，我将其称为距离原则。简单来说，就是要学会和自己的想法与情绪保持距离。

想想看，如果让你当着一群人的面讲话，你会感受到什么情绪呢？你很可能会感到紧张。其实每个人都会感到紧张，只是程度不同而已。有些人会非常紧张，以至于肌肉紧绷，完全无法讲话。为什么呢？紧张是一种情绪，而这背后的自动化思维可能是"我会说错话，我会出丑，大家都在看我的笑话"。最可怕的并不是这个想法本身，而是我们会在想法产生的那一刻完全相信或想要摆脱这个想法。于是，我们当然就会选择什么都不说。试想一下，当我们告诉自己一开口就会被大家耻笑的时候，是不是也会立刻开始想"我到底怎么了？为什么会紧张呢？我不能紧张"。对这个想法的评价只要一产生，你就无法聚焦于此刻最重要的事情，你会被紧张彻底影响，毫无还手之力。因此，我们要始终保持对自己脑海中负面的想法仅仅观察而不评价的基本原则。

你一定会疑惑，我们怎么可能做到真的不评价？是的，这并不简单，也确实违反人的本能，就好像我们无法不对一个人产生评价一样。因为评价会让人容易认识事物，但是也同样因为评价，我们总是对事物存在认知偏差。所以，最有效的方式就是学会观察。那么，怎样才能做到观察我们的想法而不评价呢？

现在，我为大家提供一种训练的方式。首先，你需要将你的困扰写出来，比如我无法上台演讲。然后，写出这个困扰背后的负性的自动化思维，它可能是"我觉得我会说错话，大家会耻笑我"。最后，写出相应的情绪感受：紧张或恐惧。写完这些之后，让自己放松下来，仅仅是默念这几句话，尝试着不去做任何评价。如果你觉得这样很枯燥、无聊，可以在写完这些内容之后，在心中做一次角色扮演。想象一下，如果这三句话是你的某个家人或朋友写下的，他们希望你能给出一些建议，你会如何回答呢？你可能会告诉他们：这有什么好紧张的呢？其实，无论你怎么回答，都会在那一刻找到一种和自己的想法保持距离的微妙状态。

最后，你可以看着这些你写下的内容，试着找出可能忽视掉的对你来说更重要的信息。对于上台演讲这件事情，最重要的肯定不是你的紧张，但是你却过于注重紧张，而忽视了可能存在的更为重要的目标，比如这次演讲会为你带来什么。聚焦在更重要的现实目标上，从现实的问题出发，我们能很大程度地改善负面情绪，归根结底，对待问题情绪，要学会交给行动去解决。

你有什么证据呢？

很多人在感受到负面情绪被唤醒的时候都曾陷入困惑当中：我们应该真实表达自己的情绪呢？还是选择克制、压制自己的情绪呢？或许你会说："当然应该表达自己的情绪。"又或许在遭遇具体的事件时，你会觉得表达并不妥，隐忍又太难受，于是陷入无力的困境。此刻，我们一起尝试解开这个疑惑。

通过之前阐述的五因素模型，我们了解到，无论是表达还是隐忍，其实都属于一种行为策略。有些人会觉得将情绪宣泄出来能让自己感到舒服一些，有些人则因为担心伤害到他人，或者感觉表达本身无意义，最终选择用沉默的方式来应对。

从这个角度而言，总是因为负面情绪而产生失控行为的人，通过管理自己的行为也许会让情绪获得一时的缓解。总是压抑情绪的人，学会如何适度表达情绪也会让自己获得短暂的放松。但是，如果仅仅将情绪的改变聚焦于行为层面，很可能导致的结果是：过度使用应对方式会丧失其灵活性，情绪的改善也难以持久，最终，会让我们经常在同一类事件当中反复陷入困境。因此，关于这个问题，我的回答是：不要将管理情绪的视角聚焦于该表达还是该放弃，或者说，你不应该首先考虑应对方式的问题，因为决定你情绪与行为方式的是思维。

说到这里，你可能会疑惑：不是说情绪的暂时性会让很多负面情绪来得快去得也快，那我们只需要在情绪来临时选择等待情绪自然消退就好了，忍一时换得风平浪静，不也挺好吗？这个方式确实在应对很多突发情绪时能起到一些作用，但是忍一时真的就能换得真正的风平浪静吗？显然不行，因为运行在底层的那些不合理的思维会让你再一次面临相同的处境。所以，在情绪自然消退后，我们也绝对不能掉以轻心，否则会掉入自己思维的陷阱中，让我们产生问题情绪已经解决的错觉。

在之前的内容中，我多次强调情绪管理的关键在于调整不合理的自动化思维，但是并没有具体给出方法，现在，我们来具体学习一下，究竟该如何识别出不合理的自动化思维，又该如何进行初步的调整呢？

首先，我们要牢记五个字：有什么证据。可以这样说，如果你问我情绪管理的秘诀是什么？我会毫不犹豫地告诉你，就是这五个字：有什么证据。换句话说，如果真正理解并使用好这五个字，你一定会看到自己的情绪模式逐渐发生根本性的转变。接下来，让我们带着疑惑与好奇走近这五个字一探究竟。

我们先从之前学习过的内容中拉出一条线索：当我们感受到负面情绪时，首先要做的事情是什么？先写出引发你情绪的背景事件，也就是五因素模型中的情境。然后需要为你的情绪命名，是焦虑、愤怒，还是其他情绪感受，你需要用一个情绪词语来准确定位。很多时候，我们会同时感受到多个情绪，每一种情绪都采用一个特定的词语来进行描述即可。命名之后，我们需要为这些情绪进行打分，通常是0~100分，情绪程度越强，分值越高。然后，你需要顺着这些情绪找到引发情绪的自动化思维，也就是说，在情绪出现之前，你的脑海中闪过了哪些想法或画面，或者引发了怎样的回忆。将你能想到的一切都逐一记录下来，这里需要注意的是，你很可能想要问："情绪来临时，我怎么可能会思考这些问题呢？"

关于这个疑问，我给大家两个解决思路：你可以利用椅子策略来等待情绪自然消退，等到情绪平复之后，再做这个练习；你也可以利用日常的空闲时间，在脑海中回忆或预设一个让你有负面情绪的情境，然后试着在纸上完成这个练习。

言归正传，当你捕捉到脑海中的想法或画面时，就可以开始进行干预工作了。首先，从你感受到的诸多情绪中找到程度最强的那一个，例如，对于一件事，你可能同时感到愤怒和委屈，那你就需要比较一下，究竟是愤怒更强烈，还是委屈更强烈，然后把它圈出来。接下来，我们就可以从记录下的诸多想法中找到引发这个强烈情绪的自动化思维，也把它圈出来。

进行到这一步，大家可能还是有些疑惑，我们可以通过一个案例来加以说明。案例的主人公是一位职场新人，他发现自己的部门领导对自己的态度总是很恶劣，导致在工作中遇到难题时，他不知道是否该询问领导，这让他十分焦虑。我们可以一起分析一下这个案例。首先，这个职场新人感受到的情绪是已知的焦虑，还可能同时存在其他情绪，比如不满。但是，相比较这两个情绪，哪个看上去程度更强烈一些呢？是焦虑，或者说，焦虑更需要被优先对待。当情绪被圈定后，我们需要找到引发这个情绪的自动化思维。正如前文所讲，我们会有很多想法同时出现在脑海里，但是，我们只需要找到与焦虑情绪最为匹配的自动化思维。

根据焦虑的特质，自动化思维往往带有预测性的不安与担忧，这位职场新人相应的自动化思维很可能是：我要是去问他，他肯定会劈头盖脸地训斥我，甚至都能想象出他脸上的表情，以及他具体会用什么样的语言攻击我。我不能去，但是我不去，我的问题就没有办法解决，到底该怎么办？我想正是因为这个新人选择相信这些想法就是事实，从而导致他产生了比较强烈的焦虑。

现在，我们一起分析这个想法的不合理之处。什么是不合理的想法？通常情况下，我们的想法很可能仅仅是一种基于现实的解释，当然，也有可能是事实本身。但一般而言，都是既有事实的成分，也有解释的部分。事实通常是被事件的当事人认可的客观现实，是不容置辩的，而解释则是基于自己潜在的信念体系所构建出来的一种想法。所以，事实更倾向于是合理的，而解释很多时候未必合理。

在这个案例中，职场新人说领导对他态度恶劣，这是事实还是解释呢？我认为既有事实也有解释。事实的部分在于，通过领导的言语和表情也许能够判断出他态度的恶劣，但是解释的部分在于，领导是否真的针对他呢？这是不一定的，也许领导并没有想要这样做，或者领导对其他员工也是如此。

其次，在这个新人的自动化思维中，我们还可以发现另一个不合理的部分，那就是他认为如果不去问领导，遇到的问题就解决不了。这可能是一个事实，但也同时存在解释的部分，比如，他是否真的想过其他解决办法？你会发现，在我们各种各样的自动化思维中，经常会有一些不合理的组成部分，而这个发现的过程，就是我让大家记住的那五个字：有什么证据。

让我们紧接刚才的线索，往下继续梳理。当我们捕捉到强烈情绪背后的自动化思维时，要评估自己对这条思维的相信程度，也就是需要我们为其打分。同样是0~100分的计分方式，相信程度越高分值越高，然后，需要同时去选择支持这个思维的证据和不支持这个思维的证据。

在刚才的案例中，这个职场新人显然对于领导对他态度恶劣，以及不问领导就无法解决问题这两种思维相信程度是比较高的。那么，我们就需要同时去寻找支持的证据和不支持的证据。其实，处在强烈的情绪中时，我们寻找支持的证据是很容易的，但我们寻找相反的证据是很矛盾的。有时我们会感到很无力，甚至大脑一片空白，不知道该如何寻找。下面我给大家提供一些问题，有助于大家更容易地寻找到不支持的证据。

1. 你有没有其他的一些经验或其他信息表明，这个想法并不是任何时候、任何条件下都绝对正确的？

2. 如果你的朋友、家人也和你有同样的想法，你会对他们说什么？或者给出怎样的建议？

3. 如果你的朋友、家人知道你有这样的想法，他们会告诉你什么？他们会列举出哪些经验或信息来说明你的想法可能不是绝对正确的？

4. 还有哪些信息是你忽略的？是你选择不相信的？

5. 在这件事情中，有没有自己忽略掉的一些积极信息？发现这些积极信息有没有可能看到一个积极的结果呢？

6. 你曾经有过类似的经验吗？上一次和这一次有什么不同吗？上一次你是如何处理的呢？结果怎么样？你学到了

什么经验？这些经验是否可以让你对这次事件有不同的理解呢？

通过上述这 6 个问题，可以有效地帮助你找出不支持的证据。我们并不需要全部都使用，可以选择一些自己觉得容易理解，或容易回答的问题。我们可以把自己带回到那个职场新人的案例中，通过这些问题，我们可以帮助其找到不支持的证据，也帮助自己进行一个课后练习。

当我们可以同时找到支持与不支持的证据时，就可以重新评估自己对原本那条自动化思维的相信程度是否还有之前那么高。这里要提醒大家的是，我们所找的证据要尽可能是事实，而不是出于你的再一次解释。因为证据本身是公认的、客观的，大家都更愿意去相信的，而解释很可能导致自欺欺人，最终让我们再一次陷入困境。

以上就是识别自动化思维的过程。当你在学会识别和评估自己的自动化思维后，你管理情绪的能力就会有所提升，至少你会更加敢于向你的自动化思维发起挑战，而不是一再掉入思维的陷阱。你可能想问，这真的有用吗？其实，你不妨这么理解，通过识别和评估自动化思维或者同时寻找支持与不支持的证据，会促使你进行批判性的思考。当你开始思考时，原本坚信不疑的想法就会松动，于是，你的强烈情绪会在这个过程中得到缓解。

通常情况下，我们的情绪管理方法之所以无法奏效，是因为我们在试图用积极思维取代消极思维，这等于让我们否定自己原本的想法，也有悖于本书所提倡的"接纳"的基本态度。合理的方式是，在同时寻找正反两面证据的时候，我们要承认积极和消极的因素都是存在的，这样会让我们产生有效的替代性思维。那么，什么是替代性思维呢？它的出现对负面情绪有什么影响呢？举个例子，试想一下，当你下班回到家，发现屋子里面乱七八糟，抽屉被拉开，衣服散乱在地上，这个时候你会产生哪些想法？你很可能会想：天哪，家里是不是进贼了？你会立刻进入恐惧的情绪状态中，你开始试探性地走入房间，拿出手机准备拨打110。这时，你发现原来罪魁祸首是家里的狗，这时你会立刻长舒一口气，感叹虚惊一场，于是，你的情绪发生了180度的转变。

现在，一起来分析一下，在这个小情景中，情绪究竟是如何发生转变的。首先，当你打开房门时，映入眼帘的是满地的衣服和被拉开的抽屉，于是你的脑海中会迅速出现一系列想法来对眼前的景象进行解释，其中你会相信一个想法，那就是：天哪，家里进贼了。当你相信这个想法之后，你会立刻产生与之匹配的情绪——恐惧，你会发现，在这一刻，你完全忽略自己养了一只狗的事实，而这一切很可能是狗造成的。接着，当你小心地迈开步子往房间走的时候，突然间发现了蜷缩在角落里的小狗。狗的出现，其实就等于你发现了一个不支持你想法的证据，于是，在那一刻，你原本坚信的想法开始被松动,在脑海中形成了一个替代性思维:吓死我了,我还以为家里进贼了呢,原来是你这个家伙搞的!你原本的恐惧情绪便随之消解。

从这个情境中,我们会发现,有时候,一点点额外的信息就足以让我们对情境的解释发生逆转性的变化,而这一变化的出现往往是因为我们寻找到了适合的替代性思维。值得高兴的是,很多时候,替代性思维的形成完全可以靠我们主动的行为得以实现,而不用被动的等待。这需要我们懂得如何寻找不支持的证据,以及同时结合支持的证据去发现替代性思维。接下来,我为大家讲解一下具体应该如何主动构建替代性思维。

首先,你需要写出支持你某个负性的自动化思维的证据与不支持的证据。为了方便说明,我再举一例:假如一位妻子认为自己的丈夫完全不在意自己,同时她也提供了支持和不支持的证据。支持的证据是:他每天下班回来后,玩手机的时间比和我说话的时间多。不支持的证据是:周末他也经常陪我出去逛街、吃饭。

当然,现实中,我们能够找到的证据肯定不止这一两条。现在,让我们仅仅做个示范,试着写出一条替代性思维:他确实经常会玩手机并且不和我说话,但通常都是在工作日,这可能是因为他工作压力大,回到家里后希望有自己的空间,但这并不意味着他不在意我。作为妻子,我想我应该试着关注一下他的压力。不难发现，比起原来的自动化思维，替代性思维就显得好了很多，这是因为原本的自动化思维导致妻子仅仅关注事情的消极方面，而替代性思维同时关注了正反两方面。

总结来说，构建替代性思维的具体方法是：先将支持与不支持的证据找到，然后，分别将找到的两方面证据进行总结、概括和提炼。如果总结到位，我们就可以通过一个介词将两组概括出来的语句进行连接。通常使用的连接介词有"并且"和"但是"，这会使我们得到一个替代性思维。简单来说，当你在寻找证据的时候，发现现有证据并不能够支持引发你强烈情绪的思维时，可以试着写出替代性思维。当你拥有一个很强烈的想法，但是你又不能提供明确支撑这个想法的证据时，这就等于缺少替代性思维的组成部分。此时，尝试写出替代思维可能会更直接和有效。

举例来说，如果你恐惧乘坐飞机，那么乘坐飞机时，你的脑海中很可能会出现飞机会因为颠簸而掉下去的想法，但是，你并没有办法给出明确的支持性证据。这个时候，你可以先尝试去寻找不支持的证据，然后，根据这些不支持的证据找到一个替代性思维。比如，你可能找到的不支持证据是：飞机颠簸只是因为遭遇气流，气流不可能折断机翼；从数据上来说，飞机是安全的交通工具；飞行员一定比我更加重视飞机的安全，他们都是经过严格训练的，很多危险情况的处理都是反复练习的项目。于是，你便可以结合这些不支持的证据构建出一条替代性思维。如果你仍然觉得构建替代性思维比较难，不妨试着询问自己以下这几个问题：

1. 关于这个问题还有没有别的解释？

2. 关于你所担忧的事情，最坏的结果是什么？最好的结果是什么？

3. 如果我相信自己的想法，那会发生什么？如果我改变这个想法，那又会发生什么？

4. 如果我的家人、朋友和我有一样的想法，我会对他们说什么？

以上这几个问题，包括前文所提到的"有什么证据"，我们会发现它们都存在一个共同的特性，就是它们都在针对我们的想法进行提问。当面对一个引发我们强烈情绪的自动化思维时，学会用提问的方式对其进行评估，往往会增加我们看待某个问题的视角。这种提问的方式被称作苏格拉底式提问，正如苏格拉底相信知识存在于每个人内心一样，我们也应该相信，虽然我们在生活中会遇见各种各样的问题，但也同时拥有解决问题的能力。

学会评估与理解你的问题情绪

接下来,我们要探讨一个问题——我们该如何概念化自己的问题情绪。

从字面意思而言,就是将问题情绪通过某种理论模型进行具体化的定义与解释,从而帮助我们了解问题情绪发生的原因。

首先,什么是理论模型?前文中,我分享过一张 T 形图。在这张图的横线上分布着影响问题情绪的五个因素,分别是情境、情绪、思维、行为以及生理表现。竖线上分布着思维、中间信念以及核心信念。而概念化,则需要将我们的问题情绪进行拆解,然后在这张 T 形图中找到可以对应的部分,相当于做个填空题。

我用一个案例来进行示范。有一位女性,她的父母认为她上下班距离太远不方便,得买一辆车。在某天下班回家和父母一起吃午饭时,父母问她工作这两三年攒了多少钱,这位女士显得有些不耐烦,并说自己没有存款。于是父母就开始埋怨她乱花钱,不知道为自己考虑。最后,双方产生了矛盾和争执，女士愤然离开父母家，随后的工作状态也受到了相应的影响。现在，让我们把这个案例放到T形图中，看看如何进行对应。

首先，从横线的五个因素开始，第一个因素是情境。情境包含四个要素，分别是时间、地点、人物以及做了什么。我们需要特别注意以下两个要素：一是时间，通常需要尽可能地精确到几点几分。如果你觉得有难度，至少精确到几点。因为情绪通常是瞬息万变的，我们可能会在几分钟之内就感受到诸多情绪的变化。但是，从解决问题情绪的角度来看，我们必须先聚焦于一个最为强烈的情绪，它往往就出现在分秒之间。所以，时间必须精确。二是做了什么，也就是发生了什么事情，而这个事情是你认为导致自己产生强烈情绪的具体事件。为什么要强调这个部分呢？让我们回到案例中，如果当你在填写情境的时候，是这样写的：几月几日中午12点，我和父母一起吃午饭。你会发现，和父母吃午饭虽然是具体的事件，但是这个事件并不会导致负面情绪，而是吃午饭的过程中具体发生了什么，才导致负面情绪的出现。所以，事件必须和我们感受到的情绪匹配。因此，正确的填写方式是：几月几日中午12点，我和父母一起吃午饭，吃饭过程中，父母埋怨我乱花钱，不为自己考虑。也就是说，父母的指责与埋怨才是导致负面情绪出现的具体事件。

当学会梳理情境之后，再来分析在这个情境中我们感受到了哪些情绪。正如前文所提到的，在生活中，我们很少会只感受到一种情绪。情绪是很复杂的，因此，我们需要为情绪进行概念化。具体做法是，找到可以准确描述情绪的词语，比如焦虑、抑郁、愤怒。当我们将感受到的所有情绪都通过词语概念化了之后，结合具体的情境，找到每一个情绪背后的自动化思维，它可以是你对自己说的一句话或一个画面，也可以是一个关于过往的回忆。

在这个案例中，这位女士感受到的情绪，我们暂且假定为愤怒和自责，那么，愤怒背后的自动化思维是什么呢？可能是：我都这么大人了，能自食其力，你们为什么还要管我。自责背后的自动化思维又是什么呢？也许是：仔细想想，我确实把钱花在了很多没有用的地方，有时候还会向父母借钱，也很少给他们买什么东西，确实很自私。

很多时候，引出自动化思维比较困难。在那一刻，我们可能会感到大脑一片空白，或者干脆会认为自己什么都没有想。但是你要知道，很多时候只是你没有意识到，并不代表事情没有发生。那么，当你感到引出自动化思维有些困难时，不妨按下列方法操作一下，看看是否会让你想起来。

第一个方法：你可以问问自己，在当时那个情境下，你感受到的情绪是什么样的。当这个情绪出现时，你的身体感受是怎样的，如果你能感到身体有一些反应，就继续问自己，具体是哪个部位产生了反应。然后，再一次问自己，当这个感受来临的时候，自己想到了什么。

第二个方法：事后，可以将那天发生的事在你的脑海中重演一遍，就像看电影一样。比如，案例中的女士可以想象：从她进入家门，看到父母，父母在做些什么，他们对她说了什么，吃饭的时候，他们分别坐在哪里，说了什么，他们为什么产生埋怨，那一刻他们脸上的表情是怎么样的，她脑海中又想到了什么。

第三个方法：你可以在事后和你比较要好的朋友针对那天的情境进行一次角色扮演。你就扮演你自己，可以让你的朋友扮演这个场景中与你互动的其他人。然后，按照那天的对话进行一次复盘，再看看自己是否能够找到情绪背后的自动化思维。

以上是我在实操过程中发现的比较有效的三个方法，大家在引出自动化思维感到困难时，可以尝试一下。

当我们顺利找到相应的自动化思维后，需要思考一下带着这些想法和情绪的你做了些什么，也就是产生了什么行为。这里的行为是比较宽泛的概念，它不仅包括周围人都可以观察到的行为，比如上述案例中，女士因为愤怒，出现了与父母争吵的行为，以及愤然离开的回避行为。同时，行为也包括你当时的表情以及肢体动作，而且行为往往体现出你在面对问题情绪时是怎样处理的。如果那位女士每次和父母产生冲突都选择离开，拒绝找到正确的沟通方式，那么，问题情绪就不可能得到改善，可能会越来越严重。

同样，生理表现也是我们需要学会捕捉的部分。通常，问题情绪总会通过生理反应表现出来，比如，焦虑会导致肠道功能失调；抑郁会让我们无法入睡，感到疲惫；愤怒则会使我们的呼吸、心率发生变化。

当成功找到横线上对应的五个因素之后，分析一下这五个因素究竟是如何相互影响的。关于各部分之间的关联，我在之前的内容中已经论述过了，在这里就不作更加具体的说明了。

此刻，我们应该能够更加清楚地意识到，问题情绪很多时候是由于我们对情境的不合理、不现实的看法所导致的，那么，解决问题情绪的关键就在于矫正这些负性的自动化思维。但是，很多时候，我们脑海中的负性的自动化思维并不仅仅是一个念头、想法或者自己对自己说的话，也可能是一个图像或画面，我们把这些统称为"意象"。举例来说，如果你有过类似这样的想法：我无法和一个不熟悉的人聊天。那么，大多数时候，这样的想法总会伴随一个想象出来的画面。在画面中，你会看到自己正在和某个不熟悉的人具体是怎样进行交流的，而在这个过程中，你会很清楚地看到对方脸上的表情，甚至听到对方所说的每一句话。当然，你也会清楚地看到自己脸上流露出的尴尬，以及无所适从的肢体动作。而这样的画面，正是负性的自动化思维的形象化表达。

可以这样理解，负性的自动化思维就是你的剧本，而你则在脑海中通过想象的方式将它演绎了出来，在生活中你又进一步把它变为现实。这样的画面会比言语式的负性的自动化思维更加令人感到不安。它虽然隐藏于脑海中，但是却在你每一个情绪起伏的时刻调动着你的感官，你可以看到、听到、触碰到它。如此鲜活的画面为你带来的如果是痛苦，你便很快地将它推出脑海之外。因此，如果不能很好地识别和有效地应对负性的自动化思维，很可能会让我们持续地陷入问题情绪中。

首先，我们需要先定位一个你经常或持续感受到的负面情绪，然后按照上文所提出的一些方法，顺藤摸瓜找到背后的负性的自动化思维。比如，你经常会因为繁重的工作或学业压力，从而产生"我是无能的""我没有办法完成这些工作"或者"我做不好这些事情"的想法。现在让我们聚焦于这些想法，你会发现此类想法会诱发焦虑的情绪。通常来说，焦虑之人的思维方式都是围绕着事情的发展走向或结果是不好的而运行的。因此，经常在焦虑的人口中听到这样的表达：我真的不敢想象会发生什么。于是，脑海中就会浮现出一些画面。如果令人感到焦虑的想法是"我无法完成这些工作"，那么很可能在脑海中就会浮现出如下两种画面：一种是，你会看到凌晨两点的你在昏暗的灯光下，撑着疲惫的身体、睁着干涩的双眼继续卖力地工作；另一种是，你会想象如果不能按时完成工作，领导在验收工作时，你会陷入难堪的处境。你甚至会在脑海中开始编造理由，试图为自己开脱，同时，你也能清楚地看到，领导在听到这些理由时会如何回复你，他的脸上又会流露出何种不屑与不信任的表情。

当这些画面萦绕在脑海里时，你怎么可能不感到痛苦？痛苦的你，又怎么可能允许这些画面继续充斥在你的脑海里？因此，大多数人都会选择一种逃避的行为策略来减缓焦虑感，比如拖延。这样的策略固然会起到短暂的缓解作用，但无法解决问题，问题情绪更会与日俱增，直到你完全崩溃。

本书所提倡的应对负面情绪的基本原则是：解决问题的前提是明确问题、聚焦问题，问题中往往包含着解决问题的方法。因此，当我们脑海中浮现出上述画面时，不要排斥它们，更不能任由它们指导你的生活。因此，发现与识别它们是有必要的。那么，如何识别这些图像化的负性的自动化思维呢？操作方法以及步骤如下：第一，聚焦一种负面情绪背后的自动化思维。第二，让自己处在一个安静的环境中，放松下来，做几次深呼吸，闭上眼睛，然后，想一想，如果你的负面想法真的变成事实，那接下来你将会看到什么。第三，在生活中，你可以经常关注一下脑海中浮现出的记忆、幻想，甚至是发呆时所出现的想法。当你意识到时，一定要试着记录下来，这会极大增强你识别图像化的负性的自动化思维的能力。

接下来，我相信你应该更想知道和学习的是，当我们能够识别出这些图像化的负性的自动化思维之后，该采取哪些应对策略，从而能够调整自动化思维，进而改善不良情绪体验呢？

我为大家总结出了几种比较有效的应对策略：跳到未来；改变意象；检验意象；重复意象；意象替代。接下来，我将进行详细讲述。

一、跳到未来

有些时候，我们很容易将自己所面对的困境想象得更加复杂、困难以及难以改变。于是，就会得到一个绝对化的论断：我无法解决这个问题。比如，父母在教育孩子的问题上就容易显露出类似的态度。但是父母应该要理解，让人感到没办法的不是我们自身没有这个能力，而是因为消极的、自我挫败的思维方式。如果你在面对很多事情时也有类似的感受，觉得事情怎么想都会很困难、很复杂，那么，不妨尝试一下，在放松的时候，想象并询问自己，假如这件事情得到了解决，那么，我会看到什么画面，画面中的我在哪里，是什么样子，说着怎样的话，身体有什么感觉。想象中的其他人是什么样的，说着什么话，他们和我是怎样互动交流的。

总之，尽可能在想象的世界中，充分调动你的内在感觉，直到你觉得在想象的状态下已经将事情解决了。可能在整个过程中，你依然感觉不是很顺利，没关系，至少事情得到了解决，然后，睁开眼睛，感受一下自己当下的情绪是否有所缓解。

二、改变意象

在使用这个策略之前，你要先思考两个问题：一是你最希望发生的是什么？或你希望的结果是什么？二是哪些事情的发生会让你清楚地意识到，你希望的结果实现了。

想象一个场景：假如你对社交活动存在焦虑，但是，某一天你又不得不和一个你不熟悉的人进行交流，此刻，可以问自己一个问题：你最希望看到什么？或你最希望发生什么？你可能会想说："我希望我能和他顺畅地进行交谈，我希望我不要说错话，我也希望他不要取笑我。"接下来，你可以继续问自己："哪些事情发生了？我希望的结果实现了吗？"

如果这让你很难理解，我讲得再具体一些。"哪些事情发生了"可以说明你和他的交谈是顺畅的。这些事情包括：你不会没有话说；你的肢体动作协调且自然；你的表情不是僵硬的；你跟他聊天可以接上话。现在，你发现，你可以让自己在想象中跳到未来，跳到已经实现顺畅交流的那个时刻，体验那样的交流具体是如何发生的。当然，这并不能表示你真的实现了顺畅的交流，但是，这样的想象会让你的情绪逐渐放松下来。放松会提高应对困难的灵活性，会让你的关注点从自身开始转移到和你说话的人身上。请记住，很多时候，并不是我们没有能力做到一些事情，而是我们距离自己的负面想法太近了。"想"永远都会存在问题，"做"才会给你答案。

还有一种关于改变意象的方式，就是我们可以将和自己互动的另一方想象成其他的形象。比如，你在面对他人对你的训斥和指责时，会感到无力应对。这个时候，你就可以把这个指责和训斥你的人想象成一个年龄大概在三四岁的儿童，当你面对的是一个愤怒的儿童时，我相信，至少你的无力感会得到改善。

三、检验意象

这个方法需要用到前文提到的苏格拉底式提问。我用一个案例来加以说明。有一位先生非常害怕蜘蛛，以至于他在家打扫卫生的时候都不敢清扫门后的角落。据他所说，每次当他拿着扫把走到门前时，都会感觉有一只硕大的蜘蛛会在他拉开门后突然出现在他眼前，而这会让他尖叫和发疯。现在，我们利用苏格拉底式提问对这样不现实的意象进行检验。比如，就算真的有一只蜘蛛，会发生什么呢？真的会伤害你吗？在这个过程中，不断地寻找替代性思维，直到我们的情绪可以得到缓解。有时，对于一些很痛苦的图像化的负性的自动化思维，我们可能真的很难应对，因此，用苏格拉底式提问的方式去检验会显得更有效果。

四、重复意象

顾名思义，当我们脑海中出现一些很夸张的画面时，利用重复想象的方式，可以让自己脱敏。同样，上述害怕蜘蛛的先生也可以使用这项策略。我们需要记住最初的画面，然后，不断地去想象，同时关注自己的情绪感受是否得到改善。

五、意象替代

使用这个策略的前置条件是，你需要在日常生活中训练自己进行愉快的想象。比如，一个休闲的午后，你在一家咖啡厅，听着耳机中的音乐，开始制造出一个你最希望看到的场景。关于这个场景中的一切，你可以随心所欲地设计，只要是你喜欢的、希望看到的。最简单的方式是，去回忆一段你过去的经历。记住，这个策略是否有效的前提在于，你在回忆的时候，是否会感到身体开始出现一些细微的变化，比如，你是否不经意地笑了，身体是否感到温暖，心率、呼吸是否有些变化。这个策略成功的关键不在于你能想到一个多么积极的思维，而在于在这个过程中你能感受到身体的具体变化。

既然提到了如何利用想象去对问题情绪进行干预，那么，我们不妨进一步思考一下，是否能够利用想象去引导自身从而创造出积极情绪呢？答案是肯定的。

在生活中，花点时间重新调整并专注于脑海中的想象，是一种酝酿积极情绪的好方法。你可能想知道这么简单的事情是否真的有帮助。接下来，我分享一套催眠脚本，它将会告诉你，利用想象去引导自身从而创造出积极情绪是可能的。

你可以先照着这些文字读几遍，然后，用手机录下你的声音。记得要尝试尽可能用低沉缓慢且富有情感的方式去读。之后，你便可以随时闭上眼睛，戴上耳机，认真聆听。

你一定能够清晰地感知到来自内心深处对快乐的渴望。通过练习，你可以随时调动这些让你能够快乐的简单想法，你可以从焦虑中找到平静，甚至可以始终与压力、愤怒或沮丧保持距离。

你值得拥有几分钟的独处时间。利用这段时间，你已经踏上了感到满足、平静和充满希望的道路。此刻，当你听我说话的时候，不必交叉双腿和手臂，让你的双手自然舒适地放在膝盖上。

你可以始终睁开眼睛，听着我的声音，集中注意力去盯住你面前的任意一个点，然后，想象一条美丽的瀑布，把注意力集中在流动的水上。我很喜欢水，不知道为什么，看着流动的水总能带给我一种平和与包容的感觉。也许是因为流动的水代表着生命的力量，也许我的压力会随着水的流动而消散。不管怎样，我发现每次看到流动的水，比如海浪、喷泉或瀑布，我都会感到似乎一切都静止下来了，非常平静。

当你放松的时候，扫描一下你的整个身体。通常，只有我们有意识地选择做身体扫描，才会注意到自己的紧张感在哪里。然后，慢慢地让这些肌肉放松，继续把所有的注意力集中在所创造的瀑布的形象上。随着水的流动，让任何压力或焦虑随着水离开你，流到一个遥远的地方。很多人会发现这很容易做到，然而，有的人可能会遇到困难。也许是因为压力已经成为生活的一部分，让它过去是需要时间的，这是完全可以的。

注意自己的身体是如何变得更加放松的。当注意力长时间集中在你所创造的图像上之后，你的眼睛可能会感到疲倦或沉重，你完全可以轻轻地闭上眼，利用这段时间来重新激活身体、思想和灵魂。就是现在，去吧，闭上眼睛，发挥你的想象力，沉浸在瀑布的景色中。

注意你的呼吸，注意它是如何变得缓慢、流畅和有节奏的，这不需要你勉强自己去做，而是通过给自己一点时间，放下任何明显的紧张，自然而然就能做到了。

当你的手放在腿上时，注意你已经达到的放松和平静的感觉。现在，对自己说"温暖"这个词，并把注意力集中在你的手上，让它们感受到温暖的感觉。对自己说："我的手是温暖的。"当你这样做的时候，注意你在手中创造的温暖的感觉。现在，对自己说"柔软"这个词。当你对自己说："我的手是温暖而柔软的，"此时，注意感受你放在膝盖上的手是多么的柔软。再说一遍："我的手是温暖而柔软的。"

现在，把注意力放在脚上，对自己说："我的脚是温暖而放松的。"再说一遍："我的脚是温暖而放松的。"你会开始感觉到那种温暖和放松的感觉，这是很神奇的。

通过认真学习和体会，我们是完全可以控制自己的感觉的。无论生活多么困难，你都可以控制自己的身体和想法，这种温暖、柔软和放松的感觉，会让你从生活的厌倦中解脱出来。它能让你在这片刻的时间里给身心充电，也同样可以给每一天充电。

现在，把注意力集中在你的呼吸上，注意它是平稳而有节奏的。每一次呼吸都会更加放松。虽然这种深度放松的感觉很神奇，尤其是你已经很久没有感受到这种平静了，但这是一种完全自然的状态。这种状态不是通过我创造出来的，是你自己创造了这个状态，你可以随时重新体验它。

你会感受到内心有一种创造能力，而你可以创造出有希望的体验。水总是让人感到充满希望，也许是因为它提醒我们，没有什么是一成不变的，也许是因为它的力量和能量使我们精神焕发。你可以花点时间，创造反映你内心渴望的积极的话语。你可以这样说，"我没有压力"或者"我可以从内心创造希望"。你甚至可以把注意力集中在单个词上，比如"幸福""平静"或"宽恕"。

当你继续享受脑海中瀑布的画面时，花点时间专注于你选择的词语。在脑海里重复它，看着它，把它写出来，听着自己说这些话，注意这些积极的话语所带来的感觉。简单地重复一个词就能将其变成现实，这真的很神奇，但记住，所有的可能性，起初都只是一个想法。首先，要想充满希望，要想平静，要想宽容，你必须先从一个想法开始，然后，你才能真正体验到这一切，甚至更多。你可以强化这些想法，把它们写在便利贴上，贴在浴室的镜子上，汽车的仪表盘上或电脑的显示器上，让它们不断地提醒你。

留出一些时间重新振作是很容易的。尽管生活需要行动，但现在，你已经为困难时期的重新振作埋下了一颗种子。事实上，你还可以为自己花时间创造希望与快乐而祝贺自己。

当你继续放松的时候，注意你的右手拇指和食指。把它们放在一起，就好像你在做一个"OK"的手势。当你有一种平静的感觉时，就做这个动作，并且将这种感觉与这个动作联系起来。每当你感到有压力或焦虑时，把你的拇指与食指放在一起，让自己立即重新体验这种平静的感觉。你可以在面对任何困难的情况下这样做，它会把你带回到平静的状态中。你可以允许任何暂时的压力通过你的身体，但不允许它升级。

现在，你可以睁开眼睛，也可以再闭上一会儿，你可以感受脚下的地板、房间里的空气，继续把注意力集中在流动的水上，让自己从瀑布上流过，让自己的肌肉和精神得到放松。你会感觉神清气爽、精力充沛，在任何情况下都保持积极向上的心态！

以上是一套完整的创造积极情绪的催眠脚本，希望你愿意在生活中积极尝试。以后的每一天，在各个方面，你都会越来越好！

抑郁情绪的应对策略

日常生活中，抑郁情绪是大家普遍最为关注的一种负面情绪。对于抑郁，人们最想了解的无非是两个问题。第一，抑郁症与抑郁情绪的区别是什么？第二，应对抑郁情绪以及抑郁症的有效策略是什么？

对于抑郁症，我们必须了解它的诊断标准。由美国精神医学学会制定的《精神障碍诊断与统计手册（第五版）》（以下简称 DSM-5），明确给出了抑郁症的诊断标准：至少两周内同时出现 5 种或更多症状，所包含的症状如下：

1. 一天当中的大部分时间都存在抑郁心境或情绪低落。

2. 每天或几乎每天的大部分时间内，对于曾经喜欢的活动，兴趣或愉悦感都明显减少。

3. 明显的体重增加或体重减轻，或食欲改变。

4. 几乎每天都失眠或嗜睡（睡得过多）。

5. 几乎每天都精神运动性激越或迟滞。

6. 几乎每天都疲乏或精力不足。

7. 几乎每天都感到自己毫无价值，或过分的、不适当的感到内疚。

8.几乎每天都感到注意力或决策能力下降。

9.反复出现死亡和自杀的想法，或企图自杀，或有具体的自杀计划。

基于以上的9种症状，诊断抑郁症还必须遵循一个前提条件：必须出现前两个症状的其中之一。也就是说，如果你认为自己可能患上了抑郁症，你首先需要判断自己是否存在以上9种症状中的5种或5种以上。如果有，那么，你需要进一步判断，一天当中的大部分时间，自己是否情绪低落，或者自己是否对曾经喜欢的活动的兴趣和愉悦感明显减少。

然后，需要判断的是，你的行为是否发生了改变，而且这些改变给你带来了痛苦，直接导致社会和职业功能受损。同时，我们还必须清楚地了解，以上症状不是某种物质引起的生理效应，或是由其他躯体疾病所致。这里需要特别说明的是，儿童和青少年在情绪方面可能表现出的并不是持续的情绪低落或悲伤，而是易怒、易激惹。

以上诊断标准是针对重性抑郁障碍的，然而，很多人都不太了解，抑郁障碍其实分为很多类型，比如，在DSM-5中，抑郁障碍分为如下几种类型：重性抑郁障碍、持续性抑郁障碍、经前期烦躁障碍以及破坏性心境失调障碍。针对不同的抑郁类型，诊断的标准也会有所差异。比如，持续性抑郁障碍是指在重性抑郁障碍出现的前提下，时间持续两年且两年内大部分的时间会感觉到情绪低落，而且每一次都会持续超过两个月。由此，不难发现，抑郁症的诊断是一个很复杂的事情，切不可盲目地进行自我诊断。

生活中，有很多人会将偶尔出现的情绪低落或心情不好当作抑郁症的症状。那么，日常的抑郁情绪究竟和抑郁症之间存在什么样的关联呢？首先，可以这样理解，抑郁情绪和抑郁症基本上是两回事。通常情况下，每个人都有情绪的浮动，就如同天气的阴晴不定。因此，若一个人每天存在几个小时，或一周、一个月存在几天的郁闷情绪是非常正常的事情。它的出现对我们的情绪能量起到了一个平衡的作用，毕竟，人不可能永远都是开心快乐的。当然，抑郁情绪与抑郁症之间也确实存在着非常多的相似性，现在，我来梳理一下二者之间的相似性。

一．描述情绪词语的相似性

一个仅仅是感受到抑郁情绪的人与一个抑郁症患者在描述自己的情绪感受时，所使用的情绪词语是相似的，甚至是一样的，比如郁闷、悲伤、不幸、空虚、低落、孤独等。但是，我们要清楚的是，这很可能是因为抑郁症患者并没有办法找到其他更合适用来描述自己情绪感受的词语。因此，他们只能选择使用自己熟悉的词语来进行描述。

二．生理表现的相似性

抑郁症患者所感受到的一些生理层面的反应和变化，在仅仅只是感到郁闷的人身上也会有所表现。比如，一个人刚刚失去了一份工作或者与恋人分手，也同样可能感受到失眠、食欲减退、容易疲劳，但是，通常情况下，我们不会认为这就是抑郁症。

正是因为抑郁情绪与抑郁症之间存在着很多相似性，所以难免会让人产生"我是不是患抑郁症了"的想法。当然，抑郁情绪是否会在持续的过程中演变成抑郁症呢？关于这个问题，目前还没有一个确切的答案。这主要是因为关于抑郁症是由何种因素导致的，目前尚无定论，已知的主要有三种观点：一种观点认为，抑郁症是心理因素导致的；另一种观点认为，抑郁症是由于脑内化学物质分泌水平的改变；还有一种观点则相对折中，认为既有精神因素，也有生理因素。在这样的情况下，关于抑郁症的很多问题自然难以形成统一的观点。

其实，我们并不用过于纠结这个问题，一方面是因为我们以学习如何应对日常的问题情绪为主，而非解决病理性的情绪障碍；另一方面，无论是日常的问题情绪还是病理性的情绪障碍，对于情绪的应对策略而言，本书所分享给大家的内容是通用的。那么，日常的问题情绪与抑郁症之间究竟又有什么不同呢？我们首先应该了解导致抑郁症的高风险因素：

1. 自我价值感低的人在应对压力时更容易产生问题，患上抑郁症的风险会更高。

2.生活中持续感受到慢性压力刺激的人群，比如，成长过程中经常遭遇暴力、虐待、忽视等问题，以及低收入人群。

3.有重性抑郁障碍的近亲，比如父母、兄弟姐妹或孩子，这类人群通常患上重性抑郁障碍的风险会增加2~4倍。

4.两种化学物质的分泌水平——5-羟色胺与去甲肾上腺素，它们与抑郁症之间的关系不可忽视。

基于以上4点高风险因素，再结合之前的内容，我们会发现日常所感受到的抑郁情绪与抑郁症之间存在着一个比较明显的区别，那就是负面的自我认知。比如，面对亲人的离去，我们会感到空虚和悲痛，其实是很正常的。随着时间的推移，这些痛苦的感受会慢慢减弱，我们脑海中会开始出现一些比较乐观积极的想法，比如，离开的人已经离开了，活着的人还是要精彩地活下去。但是，对于抑郁症患者而言，他们的悲伤情绪不仅会持续更久，也很难产生正面乐观的想法。时间的推移似乎并不能消除他们的痛苦，他们反而会认为亲人的离去是因为他们的无能，或者过分聚焦于对亲人的亏欠，于是，抑郁症患者会在低自我价值感的状态中想到死亡，甚至付诸行动。

总结来说，日常的抑郁情绪属于一种几乎每个人都会感受到的正常情绪，它总是与一些消极的生活事件直接关联，这些事件的主题通常都围绕着"失去"，例如失恋、失业、亲人离世等。当然，抑郁情绪也不全然都是消极的，它的出现往往在提示我们，什么是我们应该更加看重的。抑郁情绪会随着事件的结束、便捷有效的干预措施，或者时间的推移而慢慢消失。抑郁症则是一种疾病，它往往是由复杂的生理因素与心理因素导致的，不是一种正常的情绪反应，而是一种情绪障碍，不仅比正常的抑郁情绪持续时间更久，而且会同时损害自身的生理健康、人际关系以及自我效能。

那么，究竟什么类型的人更需要警惕抑郁症呢？有一句俗语说："什么样的人，就会得什么样的病。"这里所说的"什么样的人"，就是指这个人拥有怎样的信念体系。在童年时期，我们会依据个人经验，以及他人对自己的评价，形成各种各样关于自身和所处环境的态度以及概念，这些态度和概念的集合构成了一个人的"信念体系"。在这些信念中，有些是客观的、正面的且积极的，会让我们形成一个相对健康的"我"；而另一些信念则相对负面，很容易导致我们对某些特定的心理障碍产生易感性。

一旦形成一种特定的态度或概念，它就会影响我们对生活事件的加工和处理，态度或概念也会随着时间的积累而变得愈发牢固。比如，一个孩子如果在童年时期因为失败被他人嘲笑为笨蛋，就很容易促使其形成"自己是个笨蛋"的概念，接下来，他会根据这个概念去解释发生在自己身上的事情。每当他遭遇困难时，就可能会倾向性地认为，因为自己笨，所以根本处理不了这样的情况。每一次负面的判断都会增加他的低自我价值感，于是，就会形成一个恶性的循环。除非摆脱低自我价值感，否则会成为认知结构中永久存在的部分。

通常情况下，"我是有能力的""我可以得到我想要的""我能够解决问题"，这些信念都是积极的，有助于自我提升；而"我很脆弱""我不优秀""我不值得被别人喜欢""我做不好任何事情"，这些信念都是我们对自己十分消极的评价。在生活中，如果这些负面的信念被激活，往往都会伴随着难以抵挡的抑郁能量。这些抑郁能量会直接影响我们的自我价值感。试想一下，积极的信念被激活，你就会产生积极的情绪体验，从而更加容易客观地看待自己，开放地接受事物；而消极的信念被激活时，你会产生低自我价值感，继而陷入悲伤、沮丧等抑郁情绪中。

由此可见，对自我、周围环境，以及未来抱有众多且持久的负面信念的人，更容易受到抑郁情绪的困扰，易成为患抑郁症的高风险人群。在生活中，这些负面的信念很可能并不会让你有所察觉，但它们一直都以一种潜伏的状态存在着，就像一个炸药包，或一个火山口，只要满足一些特定的条件，就会爆炸、喷发。一旦这些负面的信念被激活，就会主导我们的思维，导致我们不断地受到抑郁情绪的影响，同时也影响我们的生理健康。

这些负面的信念在我们的认知结构中会形成一种复杂的

网络。这个网络包括了三组典型的负面态度：

第一组，自我形象的负面概括。例如"我很笨""别人都不喜欢我"之类的自我贬低的评价。当我们批判或排斥这些对自己的负面概括时，抑郁情绪就会开始吞噬我们。这里需要着重说明的是，我们有理由相信，很多人并不会因别人不喜欢自己而感到糟糕，同样，也并不是所有人都觉得"笨"是很糟糕的一件事。只有当我们想要极力排斥这些负面的自我形象时，抑郁情绪才会被真正激活。

第二组，对自我的责备。一般来说，容易感到抑郁的人总是会认为很多问题的产生都是自己造成的。同时，他们会固执地认为自己需要为这些问题负全责，但是，在旁人看来，这个结论明显并不正确。

第三组，对未来的悲观。一般来说，抑郁的人会这样表达或思考：我的命很苦，我是不幸运的，未来也不会有什么改变了。当这些态度和信念开始活跃时，很容易造成一种绝望感。

当以上三种典型的负面态度全部被激活时，就会出现典型的抑郁症状：一个人会很容易从一件事情中发现难以攻克的困难，并且开始将这些困难归咎于自身的某些缺陷特质，进而认定自己是一无是处的。然后排斥自己，讨厌自己，最终会认为这些特质是与生俱来的，根本没有办法改变，未来毫无乐趣，生活充满痛苦。

那么，通常在什么样的情况下，会容易导致这些负面态度被激活呢？我为大家总结了以下4种常见的情况：

1. 可能造成低自我价值感的生活事件。通常包括被喜爱的人抛弃、被解雇、考试失利、被某个集体排斥。

2. 重要的目标受到阻碍或者遭遇难以解决的困境。例如夫妻面临婚内出轨、个人财务危机、校园霸凌等。

3. 生理疾病。很多时候，身体的疾病足以导致抑郁，尤其是那些容易让我们认为是绝症的疾病。很多疾病可能并不是非常严重，但是，出现的症状很容易让我们陷入持久的抑郁情绪中。

4. 长期的慢性压力。生活中有许多人由于长期承受过重的负担，往往会对某些压力过度敏感。很多时候，我们可能无法清楚地了解自己是否处于长期的慢性压力中，但一些躯体化症状可以起到一定的提示作用，比如长期出现神经性头痛、肠胃功能失调、睡眠问题等。

当然，以上可能导致负面态度被全面激活的情况并不是全部，但足以让我们了解到这样一种可能性：如果你在生活中经常会感到自我否定，自我责备，对未来失去希望，那么，相较于其他人而言，你很可能更加容易陷入抑郁情绪中。但这些贬低与否定可能并不是现实，更可能仅仅是你的一种想法。如果你毫不迟疑地选择相信这些想法，那么，它的力量就足以摧毁你。这里分享给大家一句话：你并不是问题，问题才是问题，而你是唯一可以解决问题的那个人。

接下来，基于以上对抑郁情绪的了解，我给大家分享一些实际可操作的应对策略。

抑郁情绪背后有着特定的负面认知模式。也就是说，陷入抑郁情绪的人，思维往往都围绕着"自我贬低、自我责备、对未来失去希望"这三个负面态度而展开。这个认知模式是诱发抑郁情绪的核心，同时也是应对抑郁情绪的关键。因此，我将围绕这个关键点给大家分享有关应对抑郁情绪的一系列有效策略。

这些策略基本上由两个部分构成：第一，认知的重建；第二，行为的激活。这两个部分不是各自独立的，而是相互关联的。在详细阐述这两个部分之前，我们需要做的第一件事情是，学会识别和评估我们的抑郁情绪。这个概念相信大家到目前为止应该很熟悉了，我们一切的问题情绪首先都要经历一个识别和评估的过程。当你学会识别和评估自己的问题情绪，其实你的问题情绪已经在某种程度上得以改善了。

接下来，可以使用五因素模型对自己的抑郁情绪进行拆解，找到抑郁情绪所涉及的情境、思维、情绪、行为以及相关的生理表现。可以这样说，如果你的抑郁情绪程度越重，你在这五个因素上感受到的症状就会越多，也越明显。

当你开始用五因素模型拆解抑郁情绪时，通常会发现如下症状：

1. 认知层面：对自我的贬低、否定或批评；对生活悲观；对未来感到无望。

2. 情绪层面：通常与抑郁相关的情绪有悲伤、沮丧、易怒、内疚等。

3. 行为层面：回避和人的接触、交往；活动频率减少；难以集中注意力；难以做决定；对以前喜欢的事物丧失兴趣。

4. 生理层面：睡得过多或过少；吃得过多或过少；容易感到疲惫。

通过五因素模型拆解后，如果你在相关因素上的症状比较多，则需要第一时间去正规的机构或医院进行进一步评估和诊断。如果程度相对较轻或适中，可以先尝试以下相关策略，尝试自己应对和解决。

一、认知的重建

这个策略分为 4 个步骤：

1. 在具体事件中识别负性的自动化思维。

2. 引入和练习替代性思维。

3. 学会及时应用替代性思维。

4. 引入和练习积极的、自我强化的自我陈述。

如何在具体事件中找到负性的自动化思维呢？具体的操作方式是：在脑海中回忆一个让你陷入抑郁情绪的情境，回忆得越具体越详细越好，然后问问自己，当你感受到情绪来临前的一刻，正在想些什么？或者想对自己说些什么？在事件发展的过程中,你又想到了什么?或者想对自己说什么?事件结束之后,你的想法又有哪些呢?

然后,将你所有的想法记录下来。请记住,要尽可能多地收集让你陷入抑郁情绪的生活情境,这样会有助于你识别负性的自动化思维。它主要有如下几种表现形式:

1. 你会根据一件事情得出消极的结论,以点带面,以偏概全。比如,我总是失败的,我什么都做不好。

2. 你总是以非黑即白、高低优劣的方式看待自己,以及和周围的人比较。比如,他多么优秀,我什么都不是。

3. 以"全"或"无"的方式看待人和事。比如,这件事情毫无意义,没有人会喜欢我。

4. 对一些结果消极的事件,你总是过分自责,忽略他人在其中应负的责任。

5. 你只关注事物的消极面,而不关注事物的积极面。

6. 你总是会悲观地预测未来。

当你发现自己的负性的自动化思维符合以上几种形式之后,接下来,你需要将这些想法放入五因素模型中,分析它们对你的行为、生理表现以及情绪的强烈程度分别产生了怎样的影响,找到影响程度最严重的那个部分,进行针对性的调整。

学会如何识别负性的自动化思维之后,就来到第二个步骤:引入和练习替代性思维。你可以采用前文提到的寻找支持的证据和不支持的证据来推出一条替代性思维。比如，如果你认为自己总是失败的，那么，你可以在过往的经历中寻找一些支持这一结论的证据以及不支持的证据，试试能否推出：眼前这件事情我虽然没有处理好，但是，这并不能表示我真的什么都不可能做好，至少，我曾经在类似这样的事件中有过成功经验。于是，你能够吸取之前的成功经验，重新看待眼前的这个困境，相应的行为就会发生变化。同时，你可以再次将这条思维记录下来，然后，感受一下你的情绪是否有所改善，其他的几个因素是否也跟着一起发生了变化。再次强调，这五个因素是相互关联的，牵一发而动全身，改变任何一点，其他四点都会跟着发生变化。在这个过程中，一定要时刻注意这个原则。

此外，还有一种有效的练习方式，我们可以在一些空闲时间里，让自己坐下来，闭上眼睛，在脑海里想象一个让你陷入抑郁情绪的场景，然后进行替换练习。每次替换成功后，都用你的右手去抚摸一下自己的耳垂或左手手背。从原理层面来说，通过一些小动作来触发这个替代性思维，当你再次遇到具体事件时，可以先触碰身体的相应部位来提示自己替换思维。

接下来是第三个步骤：学会及时应用替代性思维。当我们可以成功找到一条或几条替代性的思维之后，可以把它们单独抄写在一张便签上，贴在一些比较显眼的位置，方便自己反复记忆。例如手机背面、办公桌上、冰箱上。当再次面对类似的生活事件时,再次识别出类似的负性的自动化思维时,我们要第一时间将之前找到的替代性思维替换出来。例如,当感到自己什么都做不好时,要先告诉自己,这是抑郁情绪到来的提示,这对我只会有损伤,没有任何益处,然后对自己说出那条替代性思维。

认知的重建的最后一个步骤:引入和练习积极的、自我强化的自我陈述。简而言之,在我们成功挑战负性的自动化思维之后,给予自己言语层面的正面鼓励。例如,"我做到了""这一次我终于成功地应付了""我没有让抑郁情绪战胜我,原来我是可以做到的"之类的话。

现在,总结一下认知的重建策略的几个步骤:1.寻找导致抑郁情绪的负性的自动化思维。2.通过正反证据的罗列,或苏格拉底式提问的方式,推出一条替代性思维。将这条思维写下来,贴在明显的位置让自己反复加强记忆,或在脑海中反复练习。3.等待导致你抑郁的事件再次出现时,提醒自己进行替换。4.每次替换成功后,都要用自我强化的言语鼓励自己。

二、行为的激活

如果你愿意记录你在一天当中,甚至是一周当中的行为,你一定会发现,当感受到抑郁情绪时,你的行为活动会明显减少。所以,激活和增加每天的活动量,是帮助你从抑郁情绪中恢复过来的最有效的方式。

这里值得注意的是,行为激活并不是简单地增加活动量,更重要的是通过记录你的行为活动,从而找到那些能让你感到愉悦、兴奋,甚至是感到充满挑战的活动。这些活动的增加会帮助你提升情绪。这里为大家提供一个行为活动记录表(见表三)。

首先,我们需要做的是,按要求在表格内填写出每天、每个小时进行了什么活动,不需要十分详细地描述活动细节,可以直接填写关键词,然后,每隔一小时记录一次行为活动。同时,评估一下你做这件事情时是否感受到了抑郁情绪,以及感受到了何种程度。记录一周之后,分析你的行为活动和抑郁情绪之间究竟有什么关联,然后,找出你在做哪些特定的事情时会感到抑郁情绪很强烈,哪些事情上抑郁情绪会比较轻微,甚至感受到了愉悦感。最后,找出这些让你感到愉悦或有成就感的事情。

关于这个部分,可以通过几个简单的问题来让自己更加明确行为活动记录表是怎样改善抑郁情绪的。你可以在填写完一周的表格后,问自己如下问题:

1. 在过去的一周里,我的情绪有什么变化吗?我能找到一个规律和模式吗?

2. 哪些行为活动让我感受到了抑郁情绪?为什么会让我感受到抑郁情绪呢?

表三　行为活动记录表

时间	行为活动
08:00—09:00	
09:00—10:00	
10:00—11:00	
11:00—12:00	
12:00—13:00	
13:00—14:00	
14:00—15:00	
15:00—16:00	
16:00—17:00	
17:00—18:00	
18:00—19:00	
19:00—20:00	
20:00—21:00	
21:00—22:00	
22:00—23:00	
23:00—24:00	

3. 情绪好转的时候，我又做了一些什么事情呢？还有哪些事情做起来会让我感到愉悦或有成就感呢？

4. 情绪变差的时候，我在做什么？这些行为活动对我有什么好处吗？如果有好处，是否能通过别的方式来实现呢？

5. 在一天或一周之中，有哪些特定的时间会让我感到格外的糟糕呢？

6. 在一天或一周之中，有哪些特定时间会让我感觉格外愉悦呢？这对我有什么启发？

然后，综合上述问题的答案，想一想在未来的一天或一周中，可以做些什么来让自己的情绪得到提升，如果可以，最好做一个活动计划表。你可以集中安排这些能让你产生愉悦情绪的行为活动，正如前文所说，通过行为的改变来调整你的情绪。这里需要提醒大家的是，在选择能提升情绪的活动时，要从你能轻易做到的活动入手，因为很多感受到抑郁情绪的人会很难处理复杂的活动。从最小的活动去激活，会让你逐渐获得全盘的掌控感。就像对于一个沮丧的、赖在被窝里刷手机的人来说，可能最有效的方式并不是让他放下手机，从床上下来，而是应该先了解一下，他浏览的手机信息中，哪些会刺激他产生抑郁情绪，然后，尝试着刻意让他浏览一些能让他感到愉悦的信息，这会比让他出去和朋友约个饭更加容易做到。正是这一小部分的改变，就很可能是他从床上起来的驱动力。

以上是从认知行为的角度整理和总结的关于应对抑郁情绪的相关策略。如果你觉得上面的策略让你感到理解起来不容易，做起来很困难，那么，该如何更好地走出应对抑郁情绪的第一步呢？不妨尝试一下自我催眠。首先，找一把椅子或在沙发上让自己舒服地坐下来，双脚平放在地面上，双手自然地放在大腿上。你并不需要努力去做些什么，因为越努力，可能越无法放松，请允许一切自然而然地发生。你可以先照着这些文字读几遍，然后，用手机录下你的声音，之后你便可以随时闭上眼睛，戴上耳机，仔细聆听。

我将给你一些关于放松的建议，我相信这些建议可以帮助你体验到宁静与平和。让我们从闭上眼睛开始。如果你注意到身体上有任何地方让你背负着一天的紧张情绪，那就释放这种紧张情绪，让自己身体的所有肌肉都变得更加放松。注意到你的呼吸已经变慢了一点，这很好，深呼吸——吸气——呼气——深而缓慢的呼吸有助于我们轻松地进入催眠状态，很好。

当你放松的时候，想象你头顶的肌肉、额头的肌肉、眼睛和脸颊的肌肉，以及嘴唇的肌肉在逐渐释放所有的紧张。当你体验到一种身体放松的状态时，想想任何能给你带来愉悦的事情。继续放松你的肩膀、手臂和背部的肌肉，让紧张感开始消失。事实上，就好像你能感觉到背部、肩部和手臂肌肉的紧张或压力开始转移到前臂，通过手，慢慢地从指尖转移出去。

可以想象一下,当你放松的时候,一天所有的压力都离开了你的身体。注意你胸部、胃部和腰部的肌肉,如果这些肌肉中的任何一块紧张,只要放松就可以了。你的肌肉变得柔软松弛,就像一个松软无力的布娃娃。你体验到宁静与平和,这会让你进入一种更深层次的放松状态。

放松大脑也是一件容易的事。当你的身体变得放松时,你的大脑也会变得更加放松。我们的腿为我们做了很多工作,有时候,一天的紧张会储存在臀部或大腿的肌肉中,如果你注意到这些地方有任何紧张感,就让这种紧张感从你的腿上流过,通过大腿、小腿和脚踝的肌肉,然后从脚趾流出。

此刻的你看起来很放松。如果你需要吞咽,没关系;如果你为了舒适而调整坐姿,也没关系。从你的头到脚趾,你已经让自己变得完全放松。

现在,你不用做任何事情,让你的潜意识、你的直觉接管一切。不要做任何事情,用心感觉这是多么有趣,你不用有意识地做任何事情。我想让你做的第一件事就是集中注意力,以一种会扰乱你正常的逻辑思考的方式去集中你的注意力,这样你就有机会获得一种新的体验。一个有趣的方法是把注意力集中在你的眉毛之间。在接下来的几分钟里,我将从5数到1,我希望每数一次,都把你的意识深入到大脑中。也就是说,每数一个数,都想象着自己的意识又集中了一点。

所以，当数到1的时候，你的意识会全部集中。你不太可能知道自己已经成功了，再深入一点，因为这是一种不寻常的体验。

现在，花点时间回想一下你记忆中的一件事。让自己回到那个让你感到快乐或安全的时刻。这可能是你和一只小狗玩的时候，它坚持要舔你的脸；也可能是你在吃西瓜的时候，粗心大意吃得满脸染上了西瓜红；也可能是你的论文出乎意料地取得了好成绩；也可能是你在沙滩上放松，享受了一两个小时的阳光。

现在，带着那段记忆，我想让你把所有的感官调动起来。注意你所看到的，看看有谁在那里？他们说话的节奏是怎样的？他们说了什么？你自己又说了什么？你闻到了什么味道？如果有必要的话，运用你的想象力，把自己放回到那个情境中，你会体验到当时的感觉。尽情享受那种感觉吧！抓住它——所有的感觉——保持一会儿……

现在，在你停止这种体验之前，我想告诉你：每一天，你的身体会变得更强壮，你会更有活力，是的，你的生活充满希望；每一天，你的情绪会变得更稳定，你的心情也会变得更愉快，你会对自己所做的事和周围发生的事产生兴趣；每一天，你的注意力会更集中，你会优雅而轻松地接受自己，以积极的眼光看待自己，对自己的才能和天赋更有信心，对自己的能力更有信心，对自己的未来更有信心。

所有这些变化可能不会发生得那么快，可能需要一些时间。现在，你可能需要花点时间思考一下，如果所有这些积极的变化都发生了，你的生活会是什么样子。

此刻，让这些积极的想法与记忆在你的身体里移动，即使只是一小段时间，也要意识到你的肩膀、腹部、胸部和大腿是什么感觉。当你扫描你的整个身体时，你会意识到，你的大脑里已经有了一段会让你感到快乐和安全的记忆，而且，你已经让这些记忆充满了你的身体和大脑，让你随时都可以拥有美好的体验……当我从10开始倒数时，你会从催眠的状态中恢复过来，你会有一瞬间感到茫然，但在恍惚结束后的几分钟内，你会继续体验到一种积极的感觉。你的潜意识会继续保留所有这些积极的感觉，它会继续引导你走出抑郁情绪。

此刻，请注意我的声音，10、9、8、7、6……我继续数数，5、4……

当我数到1的时候，你会慢慢地睁开你的眼睛，你开始适应你所处的环境，直至完全清醒过来。

现在，不妨问问自己，你的感觉怎么样？

到目前为止，虽然本书给出了如何改善抑郁情绪的相关策略，但需要强调的是，如果你认真学习后，仍然高度怀疑自己得了抑郁症，就一定要及时去正规的医院寻求更加具体的诊疗。有时候，这对你来说可能是最为有效的应对策略。

焦虑情绪的应对策略

当今社会，焦虑情绪已经成为每个人日常生活的一部分。有些人会因为特定的事件、情境而焦虑，例如考试、面试、公开讲话、身体检查等，而有些人则会时常感到没来由的焦虑。无论是哪一种形式，焦虑情绪都会让我们感到很不舒服。

那么，应该如何正确地理解焦虑情绪呢？其实，如同抑郁情绪和抑郁症一样，焦虑情绪和焦虑症同样也是两个不同的概念。

通常情况下，在遭遇很多状况的时候，焦虑情绪的出现其实是正常的，它在提示我们可能正处在某种危险的或者有挑战性的情况中。此时，我们的生理、行为和思维会产生一系列的变化，这些变化会帮助我们抵御危险或挑战。通常，这些变化会形成三种有效反应，它们分别是战斗、逃跑、冻结。让我们依次来看看这三种反应在具体的现实情境中是如何产生并发挥作用的。

试想一下，当你走在一条漆黑的街道上时，离你不远处有一个陌生男子，你发现他可能对你不怀好意，这个时候你会怎么做？第一种可能的选择就是战斗，此时，你的生理会开始出现变化，呼吸会加速，心跳会加快，肌肉也会紧张。这些生理层面的变化都是为你接下来发起攻击做的准备，也可以说是为了帮助你适应当前的处境。

当然，你也可能在一瞬间做出另一个判断：逃跑。为了可以拔腿就跑，跑得尽可能快，你的心跳、血压、呼吸，以及肌肉会出现和战斗状态一样水平的变化。此刻，你的目的很简单，就是避免受到攻击。除了战斗和逃跑以外，你确实还有可能出现第三种反应，那就是冻结。这时，你很可能会心存一丝侥幸，认为那个人也许并没有看到你，或者他可能并没有真的不怀好意。在思考这些问题的时候，你的身体自然会呈现一动不动的状态，你甚至会觉得连呼吸都可能让对方感觉到。于是，你会屏住呼吸，准备做出进一步的判断。

在实际生活中，也许我们并不会遭遇上述比较极端的情境，但是，让我们感到威胁或挑战的情况却时有发生，因此，战斗—逃跑—冻结的反应机制成为应对焦虑情绪的三种反应方式。这三种反应方式本身并没有好坏对错之分，不是说选择战斗就一定是对的，选择逃跑就一定是错的。它们都是具有进化意义的，也就是说，这三种反应是在人类不断进化的过程中得以保存下来的。你会发现，上述情境中的"陌生男子"如同丛林中遇到的猛兽，无论我们选择哪一种应对方式，说到底，都是为了可以生存下去。

从某个角度来说，焦虑这个情绪可以类比为"疼痛感"。身上某个部位出现疼痛会为我们带来一定的提示，目的是让我们找出疼痛的原因并且进行有效的处理。如果我们感受不到这些疼痛，就真的危险了。在日常生活中，面对一些事情时感受到的焦虑情绪，也是一种警示，它的出现往往在提示我们，此刻，正处在某种危险之中，需要做出合理有效的处理。但是，有些时候，焦虑情绪的出现并非因为真的存在危险，可能这些危险仅仅存在于我们的脑海中，而我们会认为自己根本没有能力处理这些危险，于是，会产生莫名的焦虑情绪。如果在生活中，你经常感到焦虑，而且并不是因为具体的事件，或者虽然有具体的事件，但是远没有你想象得那么危险，而你的焦虑却严重影响了你的生活，那么，你就需要警惕了。

接下来，我来拆解一下焦虑情绪，让大家能够更好地了解焦虑情绪究竟为何像一块吸水海绵一样，难以摆脱。其实，生活中大部分的事情可能并没有我们想象得那么危险，但是，由于我们的负性的自动化思维，导致我们过高地估计了事情的危险程度，同时，也低估了自己应对这些危险的能力。生活中，许多处在焦虑情绪中的人很少会愿意坦诚接纳这份焦虑，他们总是认为自己所担忧的事情，他人是无法理解的。就像一个经常怀疑自己可能得了某种病的人，很少会愿意向他人表达。忽视他人可能为我们带来的某种支持性的帮助，恰恰也会让我们深陷焦虑。这样的思维模式会进一步加重焦虑的感受，甚至惶惶不可终日。无时无刻都绷紧的神经会让我们经常感到手心出汗、心跳加速，甚至发抖。这些生理的变化还可能导致我们的植物神经紊乱，造成神经衰弱、脾胃功能失调等一连串躯体化的焦虑症状。

　　这些生理层面的症状足以让我们的焦虑情绪不断升级。而在行为层面，我们会时常甚至永久性回避那些让我们感到焦虑的场景，或者保持一种高度的警惕性以及控制感，试图控制一切或随时准备好逃离现实，于是，情绪失控也就在所难免了，甚至严重时，焦虑还可能引发惊恐发作。随着不断的控制与失控，我们很可能会开始出现抑郁症与强迫症的相关症状。据此，焦虑情绪如同一块吸水海绵一样，让我们越来越感到沉重与痛苦。

　　也许此刻的你就处在这种焦虑的状态之中，并且感到无力解决这一切。但我必须提醒你的是，让你感到无力的并不是没有解决办法，而是你的焦虑情绪让你低估了自己的实际能力。并不是没有办法改善焦虑情绪，我们至少可以从以下三个方面来改善焦虑情绪：一是减少生理层面的应激反应；二是消除回避行为；三是修正脑海中的自动化思维。

　　以上三个方面分别涉及五因素模型当中的生理表现、行为、思维，大量的临床试验表明，只解决某一个诱发焦虑的因素，无法根本性地解决焦虑问题。比如，调节呼吸对于缓解焦虑所产生的生理反应来说，是很有帮助的方式。但是，如果相应的自动化思维和回避行为不予以及时的纠正，那么，当我们再次面对导致焦虑的事件时，强烈的焦虑感还会卷土重来，甚至会加重我们的无力感。

在使用应对焦虑情绪的策略之前，我们还是需要先识别和评估焦虑情绪，我们可以尝试回答以下几个问题：

1. 你第一次感到强烈的焦虑是什么时候？

2. 你生活的大部分时间都处在焦虑中，还是偶尔才会感到焦虑？

3. 你的焦虑是比较轻微的、中等的还是严重的？

4. 你只是在特定的情境或事件中才会感到焦虑吗？

请注意，如果在回答最后一个问题时，你发现你的焦虑只有在特定情境下才会发生，那你可以记录一下什么样的情境会让你感到焦虑。比如，你可以这样写：一个人待在房间里会让我感到焦虑。我相信，只要你认真地回答上面几个问题，对于自身焦虑情绪产生的原因，你一定能够找到一些明确的线索。

当我们对自身焦虑情绪产生的原因有所了解之后，就可以着手改善自己的焦虑情绪了。

我们可以从改善由焦虑情绪所导致的生理反应开始。焦虑会促使肾上腺素大量释放，这会让我们感到心跳加速，呼吸变快，同时大量出汗，手脚冰凉。这一系列反应很容易让人陷入一种濒临死亡的恐惧感。除此以外，过度的焦虑和恐惧也会引发包括胃酸分泌过多、消化不良、新陈代谢紊乱等其他相关反应。这里需要注意的是，普通的情绪变化引发的身体反应是比较轻微或适中的。如果我们处在强烈的焦虑状态时，这些反应就会达到比较高的水平。那么，我们又该如何控制和干预这些生理反应呢？让我们带着自身的经历来想象一下，当你在生活中感到这些强烈的生理变化时，你下一秒会做什么？我想大多数人都会开始采取一系列措施。这些措施无非是要达到两个目的：一是帮助我们与危险搏斗；二是帮助我们迅速逃离让自己感到危险的情境，也就是前文所讲的，焦虑会导致我们产生一种反应机制——战斗或逃跑。

举个例子，如果你在一次公开讲话的过程中忘记了要说什么，你很快就会体验到上述生理反应。这些反应会让你大脑一片空白，紧接着，你会立刻面临两个选择：一个是硬着头皮说下去，但是，你很清楚这会让你语无伦次；另一个情况是，你会疯狂地想要结束这次讲话，赶紧逃离那里。无论你怎么选择，结果都会让你看起来很狼狈，于是你很可能决定永远不再当众讲话了。

说到这里，也许你会发现另一种可能。试想一下，如果当我们感到焦虑，并且产生相关生理反应时，选择不去做出任何不必要的措施，同时，不去反复暗示自己这样的反应很糟糕，自己没有办法应对，那么，这些生理反应很可能会在很短的时间内消退。

仍然需要提醒大家的是，恰恰是这些生理反应使你在真正的困境面前能迅速做出判断。因此，焦虑不全然都是一种不良的情绪，它的出现也在提示我们。但是，在日常生活中，困扰我们的焦虑情绪大多数情况都不是因为存在真正的危险，而是这些危险可能仅存在于我们的脑海中。那么，究竟能够采取哪些有效的应对策略，从而改善由焦虑导致的强烈生理反应呢？我给大家分享三种应对策略：一是掌握一种有效的放松方式，在生活中练习深度放松；二是学习在想象中创造一个安静的场景；三是减少刺激性的饮食，这里主要指的是咖啡或含有咖啡因的饮品或食品。

首先来学习一下什么是有效的放松方式。通常所谓的放松仅仅指的是洗个热水澡，进行一些娱乐活动或听一首让自己感到放松的音乐。虽然这些方式会为我们带来不同程度的放松，但并不是深度放松。这里提供给大家一个快速有效的深度放松练习——平缓呼吸法。具体操作方式如下：

首先，用鼻腔慢慢地吸气，尽可能吸到底，同时，在心中慢慢地从1数到5。

然后，立即暂停，屏住呼吸，同时，再次从1数到5。

接下来，通过你的鼻子或嘴巴慢慢地呼气。呼气的过程中仍然从1数到5。如果数到5时并没有将气全部呼出，也没关系，你可以继续往下数，直到吸进去的气被完全呼出为止。当你把气完全呼出后，可以让自己按照正常的呼吸节奏呼吸两次，然后，继续重复以上步骤。

以上练习大家最少要做 3～5 分钟，并且尽可能保持循环 10 次。需要注意的是，在练习的过程中，尽可能不要突然用力地吸气或呼气，这样会干扰你的呼吸节奏。如果你可以保持每天在固定的时间练习 5 分钟，坚持两周，会有效减弱由焦虑引起的不适的生理反应。

接下来，如何在想象中创造一个安静的场景呢？其实很简单，在脑海中想象一个可以让你感到很舒适的场景，想象自己置身其中，同时，让自己的肌肉逐渐放松下来。这里推荐一套催眠脚本，供你在一个人的时候进行练习。你可以照着这些文字读几遍，然后用手机录下你的声音，之后你便可以随时闭上眼睛，戴上耳机，仔细聆听。

我很高兴你决定迈出这一步，学习一些能减轻焦虑、压力和恐慌的方法。通过练习这些放松的方法，你可以很容易地达到变得更加平静、舒适和放松的目标。

你并不需要努力去做些什么，因为越努力，可能越无法放松。请允许一切自然地发生。只要按照我的指示去做，你就会发现，在这个阶段结束时，你会体验到一些美妙的东西。此刻，让我们先从一个简单的放松引导开始。

当你允许自己的整个身体变得柔软、松散，并感到放松时，这段时间对你来说将变得有意义。它之所以有意义，是因为你掌握了一种控制自己身体和情绪的新技能。

当你放松的时候，把拇指的指尖压在食指的指尖上，两根手指紧紧地压在一起，维持几秒钟。然后，让你的手和手指都放松，让你身体的每一块肌肉变得松弛，继续享受你所创造的这种平静。在这个放松的时刻，再一次把拇指与食指碰触在一起，然后，放松下来，进入一种更深层次的平静状态。是的，你做得非常好。

现在，我们已经完成了第一个阶段，它可以帮助你创造一个启动开关，以后的每一天，只要你把拇指和食指放在一起，做一个"OK"的手势，你就会回到这种身心放松的状态。这是一种你可以运用到各种情境中的放松技巧。你甚至可以在这一刻选择立即使用它，进入更深入的放松状态。让我们再尝试做一次，把这两根手指碰在一起几秒钟，当你放松它们时，你会注意到自己放松的感觉加倍了。

下一个阶段，希望你能通过视觉化的练习来感受深度放松。

你可以很容易地想象到，在面对焦虑时自己会采取的反应方式。通过视觉化的想象，让自己在任何不适的情况下，都将自己看作是更加自信的存在。当你放松的时候，想象一下，你可以从此刻的身体中跳脱出去，和坐在椅子上的你保持一些距离，然后，看着这个坐在椅子上的自己，或者从高处俯视自己。创造这样的体验可能看起来很奇怪，但它可以成为改变的有力工具。

在这个过程中,你可以从一个新的、有利的位置看到自己,看到现在的自己变得更加放松、专注。这感觉很好,不是吗?通过飘浮在自己之外去看自己,你知道你所创造的感觉是真实的。你坚定地知道这一点,因为你可以看到自己平静、自信的样子。现在,想象你重新回到自己的身体里,继续感受你创造的平静。

你有能力在这种平静的状态下处理生活中的每一种情况,即使是那些以前让你感到困惑的情况,"跳出自己"是一个从新的角度看待任何情况的好方法。通过看到现在的自己,你可以很容易地把这种内心的自信、安全感带到任何新的环境中。当你放松的时候,让自己继续享受这样的平静,允许自己的放松更加深入。

在任何情况下,你都能轻易地创造一种平静和放松的状态。你已经有所体会,因为在我们一起度过的这段时光里,你的身心都得到了放松。在任何时候,你需要创造一种平静的状态时,可以使用上述的方法,你会立即回到平静的状态。

过去你所经历的痛苦,现在你有能力去处理了。你发现你不再做出任何不必要的反应,而是能控制每一种情况,开始充满希望的新生活。你可以轻松地调整自己在任何情况下的舒适程度。你知道在面对生活的每一种情况时,你都能做到以一种平静的状态去回应。

现在我会从 10 开始倒数，当我每倒数一个数的时候，你都会感觉到有一种力量，从地面通过你的脚趾，重新回到你的身体。允许你的脚趾、脚背去感受这种力量，然后，允许它通过你的脚踝，到达你的小腿、大腿，到达你的臀部、腰部，来到了你的腹部以及背部。调整你的呼吸，你会感受到力量来到了你的胸部。慢慢睁开你的眼睛，你会从催眠的状态中完全清醒过来。

现在，让自己伸个懒腰，活动一下身体的各个部位。下一次，当你再感到焦虑时，这个练习会帮助你放松。

接下来，我将对焦虑情绪、焦虑症和恐惧症这三个概念进行区分。

首先，必须明确的是，焦虑症不同于正常的、偶尔的担心、不安或害怕的情绪，这些都属于正常的焦虑。有一些观点认为，焦虑情绪属于复合情绪。什么是复合情绪呢？有两个或两个以上基本情绪组成的就属于复合情绪，而焦虑情绪可以被理解为，是由期待与害怕两种基本情绪共同构成的复合情绪。从这个角度理解，我们不难发现，焦虑情绪中隐藏着我们对于一件事情的"期待感"。比如，当你在医院等待检查结果时，虽然你会感到焦虑，但正是焦虑的存在，你才有可能积极面对任何结果，从而及时处理问题。正如前文提到的，这些正常的焦虑情绪对我们来说是有意义的，它的出现往往在提示我们，要积极面对和处理一些具体存在的、有威胁性的现实事件。

事件的妥善处理往往是缓解焦虑情绪的有效方式，但是，焦虑症的治疗方式就并非如此简单了。焦虑症会导致更多复杂的生理反应，焦虑症的频繁发作也可能导致强迫思维与强迫行为，也就是通常所说的强迫症。焦虑症与正常的焦虑情绪有以下三点不同：

1. 焦虑症程度更为严重，会在认知、行为、生理层面出现的症状更多。

2. 焦虑症的持续时间更长，通常持续六个月以上，而且并不会随着导致焦虑的事件解除而消失。

3. 焦虑症通常会引发恐惧，这种恐惧会严重影响日常生活。

焦虑症是一种心理障碍，其常见的类型包括惊恐障碍、场所恐怖症、广泛性焦虑障碍、特定恐怖症、社交焦虑障碍，以及分离焦虑障碍。这些分类根据导致严重恐惧或焦虑的事物、情境类型的不同而彼此有所差异。

现在，根据DSM-5当中所给出的描述，我们来看看以上不同类型的焦虑症该如何理解。这里以广泛性焦虑障碍、特定恐怖症、社交焦虑障碍这三种常见的焦虑症类型为例。

一、广泛性焦虑障碍

顾名思义，广泛性焦虑障碍是指某个人对生活中的很多事情都存在难以控制的、频繁的、强烈的担忧。这些担忧远远超出了现实事件所带来的真实影响，有时会从对一件事情的担忧转移到对另一件事情的担忧上，甚至会担忧生活的各个方面，包括健康、财务状况、人际关系等。广泛性焦虑障碍经常与睡眠困难、头痛、肌肉紧张或疼痛等一系列生理反应同时出现，也就是通常所说的焦虑的躯体化表现。此外，患有广泛性焦虑障碍的人可能会同时患有其他类型的焦虑症或者重性抑郁障碍。

从以上的描述中，我们要特别注意的是，有的时候，焦虑症的症状可能会表现在生理层面，而你自己可能会忽视它。当然，有时也需要和其他一些可能导致类似焦虑症状的生理疾病做出区分，例如甲状腺功能亢进。

二、特定恐怖症

患有特定恐怖症的人往往会极度地害怕某个特定的物体或情景。这些物体或情景可能并没有像我们所感受到的那样可怕，我们也很可能知道它们并没有想象的那么恐怖，但是，我们就是无法控制地感到害怕或焦虑。同时，患有特定恐怖症的人可能无法回忆起来究竟是从什么时候开始害怕这些特定物体或情景的，而且，他们通常采用的行为策略就是"回避"。比如，害怕坐飞机的人很可能会永久性地回避坐飞机这件事。

三、社交焦虑障碍

社交焦虑障碍也被称为社交恐惧症。患有社交焦虑障碍的人通常会非常害怕当众演讲、和陌生人交谈、与他人一起吃饭，甚至害怕使用公共卫生间。他们几乎都存在消极的认知方式：害怕冒犯他人，让自己深陷尴尬，认为自己一定会被他人看低，强烈担忧他人的拒绝或不喜欢。他们总是认为自己在别人眼里是紧张的、脆弱的、愚蠢的、无聊的，甚至是丑陋的。由于这些负面想法的存在，他们通常会回避可能需要社交的场所。回避行为也会直接影响他们的生活、工作或人际关系。

以上对于三种常见的焦虑症类型的描述，应该可以让我们清晰地理解，生活中正常的焦虑情绪和焦虑症存在根本性的区别。其中，焦虑的持续的时间是我们自己可以直接观察到的。此刻，你可能更加关心的是，人为什么会患上这些焦虑症？很多时候，焦虑症的症状会让我们感到有些不可理解，比如，为什么我们会害怕那些不那么可怕的东西？

下面我为大家整理和归纳了一些可能导致焦虑症的原因：

1. 遗传因素。
2. 童年的创伤。
3. 长期积累的压力。
4. 生活中遭遇了重大的失败或生活出现了巨大变故。
5. 长期对恐惧情境采取回避策略。
6. 焦虑性的信念。

7. 找不到生活的目标和意义。

以上 7 个可能导致焦虑症的因素并不全面，仅供参考。如果你的焦虑情绪无法得到有效的缓解，那么，你需要去正规医院进行进一步的评估诊断以及合理的治疗。

通常来说，焦虑很容易诱发两种典型的行为：回避行为和安全行为。如果某个情景让我们产生焦虑，我们自然就会倾向于回避这个情境，以寻求相应的安全感。虽然这会在短时间内减缓焦虑带来的痛苦，但是，这样的行为很可能导致焦虑更加持久地存在于我们的生活中，且随着时间的推移越来越严重。回避行为的出现主要是因为如下 4 个易被忽视的因素：

1. 不去接触和面对让自己感到焦虑的场景，就永远不可能了解究竟是什么让自己感到焦虑、害怕。

2. 回避行为无法让我们学会如何应对焦虑情绪。

3. 回避行为会让我们以为危险是真实存在的，但其实我们根本无法了解到真实情况。

4. 回避行为让我们无法看到自己是否具备足够的能力来应对眼前的困境。

这让我想到曾经做过的一个个案咨询。这位女性总是回避和朋友的聚会，尤其回避和异性的接触。这让她产生了严重的焦虑感，因为在她看来，这些异性比她优秀，她认为他们不会喜欢她。她还认为，如果在交流的过程中，她突然间不知道该说什么的时候，对方一定会觉得她很笨，继而她自己也会这么看待自己。于是，在生活中，她不断地选择尽可能地回避这些场景。

在我的帮助下，她最终选择尝试主动去面对和应对这份焦虑。我建议她，如果在和他人交谈的过程中不知道该如何回应时，可以尝试着直接将自己的紧张与不安表达出来。比如，可以说"不好意思，我现在感到有些紧张，有些不知道该说什么"之类的话。这样的做法会让自己更为直接地获得对面那个人的反馈。这些反馈很多时候都是支持性和鼓励性的语言，这会让我们更加相信自己其实并没有看上去那么糟糕。

通过这个案例，我们可以发现，直面焦虑和恐惧虽然会让我们在一开始感到不舒服，但是，我们会慢慢学会和焦虑共处。通过一些有效的策略，我们会看到自己所担忧的事情是否真的存在，即便存在，我们也有能力去处理。只要我们坚持下去，焦虑的改善将会是更加持久的，而回避则只能带来暂时性的缓解。

那什么又是安全行为呢？回避行为是指我们因为焦虑而回避某些场景，安全行为则是指，当我们焦虑时，所做出的一系列可以缓解焦虑的行为。比如，很多人在晚上睡觉时会担心门没有锁好，便会反复检查门锁，每次检查完都会感到放松，但是很快又会开始焦虑，会怀疑自己是不是记错了，门也许还没有锁好。这里的反复检查门锁就属于安全行为。再比如，有些人恐高，如果站在一个较高的地方，就会想要抓住同伴的胳膊，这个行为也同样属于安全行为。

当我们采取安全行为的时候，很可能会错误地以为这是在合理地应对焦虑。其实，这只是我们为了消除想象出来的危险而采取的措施。就像反复检查房门的行为并不会让我们真的不再焦虑，反而会让我们不断地怀疑自己是否真的锁好门了。同样，患有恐高症的人站在高处时，他会本能地抓住同伴的胳膊，但这个行为并不会帮他克服恐高带来的焦虑或害怕，反而会让他坚信自己一个人是无法应对的。安全行为会阻碍我们完全将自己暴露在所想象的危险中，这样我们就无法了解自己所想象的危险是否真的存在，以及自己是否真的有能力应对。不难发现，无论是回避行为还是安全行为，都只能暂时性地缓解焦虑，而真正有效的方式恰恰是直面焦虑，去处理真正的危险，提升自己应对危险的能力，这样焦虑和恐惧感才会有所改善。

我们通常将合理应对焦虑的方式称为"应对行为"。应对行为会帮助我们真实地接近、面对和处理那些让自己感到焦虑的问题。比如，我们可以集中注意力去认真地锁一次门，并且刻意记住锁门的各种操作细节，然后，当我们再次感到焦虑的时候，要提醒自己学会忍耐，刚开始我们或许会感到很难受，这个时候不妨问问自己：可能发生的最糟糕的状况是什么？最好的状况呢？真实的状况又是什么？认真回答这三个问题将有助于降低强迫性冲动，焦虑也会得到有效的改善。

接下来，我为大家分享一个可以有效消除回避和安全行为的应对策略，它叫作"恐惧阶梯"。具体操作如下：

首先，你需要定下一个想要实现的目标，也就是你最想要克服的焦虑情境。比如，你可以写下：我想要在公司的会议上当众演讲。总之，你定下的目标一定要具体，不可以是模糊的或泛泛的。然后，为实现这个目标定下一个时间，是一个月、三个月，还是半年。

接下来，你需要将这个目标进行拆分，按照让你感到焦虑或恐惧的等级进行划分。比如，如果最终要实现的目标是在公司的会议上当众演讲，那么，你可以先在纸上画出一个梯子形状的图，在这个梯子的最顶端写下你的目标，也就是"在公司的会议上当众演讲"。接下来，你可以开始思考，比实现这个目标稍微容易做到的事是什么？比如，先尝试私下向领导、同事表达观点，并将其写在最终目标的下一层。然后继续思考，比起向领导、同事表达观点，更容易做到的事是什么？你可能会写下：在朋友、家人面前进行演讲。那么，比起做到这件事，还有没有更容易做到的事？比如，是否可以考虑自己在家练习演讲。然后，比这个再容易一点的会不会是自己先写出演讲稿？

总之，把你想要克服的焦虑情境不断地按照难度等级由高到低进行拆解。理想的效果是拆解到最容易做到的一步为止，只要感到还有难度，就继续拆解下去。

接下来，当做完拆解工作之后，我们需要为每一步计划一个时间周期，然后，按从低到高、由易到难的顺序依次去克服。每当你感觉这一层级的困难已经不会为你带来强烈的焦虑时，就可以考虑向恐惧阶梯的上一层发起进攻。每克服一层困难，可以给自己一些奖励，让自己的信心不断增加。从我个人的经验来说，虽然叫作恐惧阶梯，但是，我们可以把它设计得很有趣，这样你会更轻松地实现目标。

当然，如果你觉得无论将困难拆分到什么程度都依然感到力不从心，那么，下面这个练习方式或许可以帮到你。那就是在克服每一层困难之前，先利用想象去应对困难。

比如，以上述当众演讲为范例。当你在一个同事面前成功地做了演讲之后，却发现始终没有办法再向上一层发起挑战，那么，你需要先确定上一级的目标：和某个领导先进行工作汇报。接下来，给自己一点时间，可以先想象一个你去和某个领导汇报工作时的场景，把这个场景想得越详细对你来说越有帮助。比如，你可以想象当你走进领导的办公室，他是怎样的表情？而你又是怎样的感受？你会坐在哪里？还是站着？你开口的第一句话会是什么？

如果在想象的场景中，你看到的结果是糟糕的，那么，你要告诉自己，这只是你的焦虑情绪在试图影响你的认知。没关系，你可以调整呼吸，再去想象一下，如果汇报得很顺利，那么，场景会有什么不同？当你脑海中能够同时想象出顺利的和不顺利的画面，你就会发现，其实你已经经历了一次。前文讲述过我们要为自己的负性的自动化思维找出正反两方面的证据，当这两者同时出现时，你就会找到更加合适的处理方式，这会让你信心倍增。

到目前为止，我已经从生理层面和行为层面给大家分享了一些改善焦虑的应对策略。最后，在思维层面，我们可以做些什么呢？当我们感到焦虑时，我们的自动化思维往往是一种对灾难性结果的预测。比如，在恋爱关系中，焦虑的一方会想：如果他伤害了我，我该怎么办？在亲子关系中，我们会想：如果孩子不听我的，我该怎么办？在社交关系中，我们会思考：如果我不知道该说什么，那我该怎么办？这些负性的自动化思维往往会让人误以为坏事一定会发生，而且，每当我们越是坚信这些想法，结果往往越会朝这个方向发展。

总之，这些焦虑背后的负性的自动化思维不及时矫正，恐怕我们难以挣脱焦虑的困境。关于负性的自动化思维的矫正，我们要坚持练习利用五因素模型去识别和发现这些潜在的负性的自动化思维，同时当我们发现这些不合理的想法时，要及时寻找支持和不支持的证据。当罗列出证据之后，我们要学会推导出有效且合理的替代性思维来替代原有的负性的自动化思维。关于这些方法，前文有分享过，大家可以从这些内容中找到对应的练习。

总结来说，几乎所有的问题情绪都需要我们从思维、行为以及生理的层面进行综合性的调整，这样才会达到理想的效果。希望大家可以坚持练习，时常在现实生活中去体悟这些理论和方法，最终找到属于自己的情绪应对策略。

闭上眼睛，告别拖延

接下来，我们将探讨一个与焦虑情绪高度相关的问题行为——拖延。请注意，这里说的是拖延，不是拖延症。两者为什么要区分开呢？因为拖延不是病，它只是你的一个行为，换言之，它不过是你所做出的一个决定。我们可以这么理解，假设你现在有一项工作任务需要在下周一提交给你的领导，此刻，你会做出第一个决定：那就安排在周六着手处理吧。时间就这样来到了周六的晚上，你打开电脑，正准备在文档上敲第一个字的时候，你做出了第二个决定：放点音乐吧，我需要舒缓一下焦虑的情绪。随着音乐的响起，你的第三个决定掉入了你的脑海中：要是现在有一杯咖啡，我会更加精力充沛地开始我的工作。在你冲泡咖啡的时候，你的第四个决定悄无声息地来到你的身后，拍拍你的肩膀和你说："等会儿，要处理的工作需要先收集一些信息，你得先打开搜索引擎，搜索一下相关资料。"你会立刻回应这个声音："嗯，确实是。"于是，你端着咖啡重新坐回到桌前，打开网站正准备搜索，又被脑海中的第五个决定带走了，它说："你好像还没有头绪，要不先看一部电影？看完后说不定灵感就有了，效率也会提高。"就这样，在一个又一个的决定之后，困意如约而至，而你做出的最后一个决定就是：睡吧，明天不是还有一天吗？这个场景熟悉吗？你也是这样的吗？

拖延不仅让我们感觉痛苦，同时，还会直接降低自我效能，让我们无法在计划时间内完成工作任务，无法为重要的考试或面试做足准备。那为什么我们会产生拖延行为呢？引发拖延行为的原因比较复杂，比如，对失败的恐惧，希望追求完美主义，或者本身就缺乏自控力等。任何一个行为的出现，必然有一个情绪作为内在的驱动力，推动着行为的发生。那么，是什么情绪导致出现拖延行为呢？是焦虑，焦虑是核心原因。

当我们面临威胁的时候，会产生焦虑感。焦虑会让我们开启战斗—冻结—逃跑的应对机制。假设此刻，你发现一只老虎向你迎面走来，你的身体会直接僵住，出现冻结反应。这个反应的出现是为了迅速调动战斗或逃跑的机制，你的肌肉开始绷紧，呼吸变得急促，手心大量出汗，全身的血液开始涌向四肢，一切都为你几秒后的选择做好了准备。如果你的手中正好有一支猎枪，你可能会和老虎进行搏斗，但如果你手无寸铁，你便会拔腿就跑。当然，我们在生活中可能并不会真的遭遇如同老虎一般的威胁，我们也不会把手中的工作或学业任务看作一只老虎。真正如同老虎一般存在的，是我们在面对这些任务时脑海中不断产生的焦虑，比如，我觉得做不到，我的能力完成不好它，我不知道该从何下手，我完成了也得不到领导或他人的认可，等等。不难发现，正是这些对自己或对事情结果的负面评价和消极预测，使我们的焦虑感不断升级，最终导致拖延行为的发生。

其实，拖延行为的产生是为了让我们的焦虑能够得到暂时性的缓解，这样可以暂时不用去面对脑海中的这只"老虎"，但我们最终还是得完成这些任务。有趣的地方就在这里，当我们将复杂的任务拖延到最后一刻去完成的时候，即便结果令人不满意，我们也不会归因于自己的能力不行或者自己太笨，而会归因于时间不够。所以，拖延者的口中经常会说这样一句话：这次是因为时间太紧了，如果时间充裕的话，我一定会做得更好。这句话真的是在告诉别人自己能够做得更好吗？并非如此，这只是在为自己的拖延找借口。

在正式解决拖延问题之前，我们需要先转变一个认知，那就是：拖延并非一种病，而是我们为了应对焦虑情绪产生的一种合理的、效果并不持久的行为策略。那么，认识到这一点，当你再次发觉自己正在拖延的时候，就可以告诉自己："拖延，对我来说是有意义的，它可以帮助我缓解焦虑，但是持续地使用拖延来降低焦虑，反而会让我无法开始工作，因此，它合理但无效，我需要找到合理且有效的行为策略来替代它。"

那我们如何有效地解决拖延问题，并从恶性循环中解脱出来呢？

首先，必须明确，我们虽然是在解决拖延问题，但针对的并非拖延本身。拖延本身是合理的行为，我们应该针对的是造成拖延的焦虑情绪。一方面，我们可以识别和评估我们的自动化思维，同时找到替代性思维，从而更有效地缓解焦虑；另一方面，我们需要掌握一些方法，以便将焦虑情绪控制在能够高效开展工作和学习的范围内。我首推"分级任务"这一方法。

无论我们要完成多么复杂的任务，通常都需要完成一系列的步骤。当我们总是去关注自己离最终的目标还有多远，而不是关注目前处在哪一个步骤的时候，就会感到沮丧和泄气。于是，我们就会告诉自己："还有这么多，我该怎么办？明天再继续吧。"但是，如果当我们在面对一项任务时，先学会画出一个步骤图，然后，再去计划什么时候着手，可能会让我们更安心。因此，你可以先写下一个总目标，接着，写出你所制定的计划，确保每个步骤和最终目标紧密关联，而且每一个步骤都必须是具体的、可衡量的、符合现实的。最重要的是每一个步骤都必须有时间限制。

同时，结合行为因结果而强化的原则，在每完成一个步骤之后，都给自己一份奖励。如果是一个长周期的任务，比如，你需要花费一周甚至更长的时间才能完成任务，你可以将这些奖励明确成一些你所喜欢的物品：一本新书、一场电影、一次约会、一双新鞋、一块蛋糕等。如果是时间周期比较短的任务，比如一个晚上就必须完成，那么，你的奖励可以是每完成一个步骤，允许自己听一首喜欢的音乐，吃一种喜欢的零食，甚至可以是对自己说一句自我鼓励的话。这里需要提醒的是，奖励必须是自己认为可以奖赏给自己的且会给自己带来愉悦感的东西，但是绝不能让自己过分得到满足。过分的满足常常会带来一种任务完成的感觉，会让我们无心继续工作或学习。

当明确上述前提之后，可以用两种形式呈现出你的分级任务，其中一种是文字描述的形式。以一名读书会的学员被指定下周带领读书会为例。这位学员没有带领过读书会，但想要尝试一次，而且希望自己带领的读书会可以得到大家的认可。可是，每当他想到自己可能做不好这件事时，他就会产生焦虑的情绪和退缩的想法，眼看要到规定的时间了，可是他仍然没有做什么准备。我们如何帮助他进行分级任务呢？根据前文的内容，我们用文字来进行描述。

总目标：完成一次读书会的带领任务。

我的第一个子目标是：向曾经带领过读书会的学员询问相关流程。

我相信自己能够完成这个目标，因为其他学员有过带领读书会的经验，并且一定会有人愿意帮助我。

为了实现这个目标，我会将自己的困难坦诚地告知其他学员，并将他们给出的建议详细记录下来。

这个目标我会在某某时间完成。

实现这个目标后，我将会奖励自己一个小礼物或一句激励自己的话。

我的第二个子目标是：梳理出带领读书会的基本流程。

我相信自己能完成这个目标，因为我认真记录和吸收了其他学员的建议。

为了实现这个目标，我会上网搜寻一些类似的信息，比如，开展读书会的视频或流程的模板。

这个目标我会在某某时间完成。

实现这个目标后，我将会奖励自己一个小礼物或一句激励自己的话。

我的第三个子目标是：完善带领读书会的详细流程。

我相信自己能完成这个目标，对于开展这次读书会，我有独特的想法。

为了实现这个目标，我将会和其他学员讨论我的想法。

这个目标我会在某某时间完成。

实现这个目标后，我将会奖励自己一个小礼物或让其他学员说说我的想法好在哪里。

以上范例，我们暂且划分到第三步，你可以结合自己的实际任务去进行模仿练习。

我们判断所划分的步骤是否具有可操作性的标准在于：每一步我们都必须问自己，完成这一步是否仍然会让我们感觉到困难。如果是，那就将这一步继续划分，比如，在上述范例的第二步，梳理出带领读书会的基本流程。如果我们仍然感觉到困难，就继续思考还可以如何进一步细化步骤，我们是否可以先去网上寻找一些相关视频，或直接求助和你关系好的学员，让他们来和你一起完成。总之，要把握一个基本原则——所划分出的每一步必须是我们能较轻松完成的。

如果你觉得文字描述的形式会让你感到繁琐，那么，我们可以使用第二种呈现形式：图示法（见图1）。

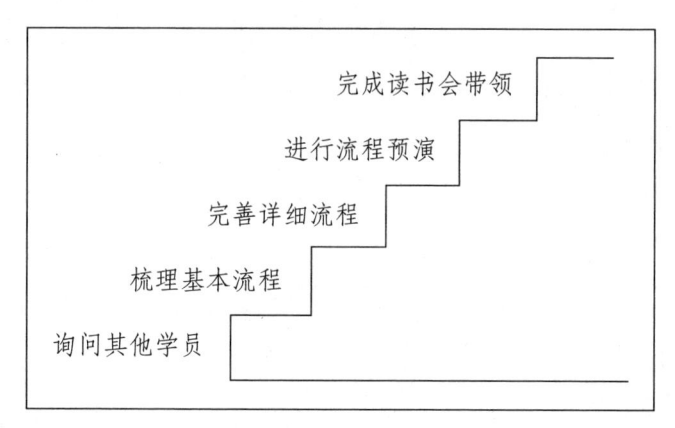

图1　分级任务图示

图示法省去了很多细节描述，整体比较简洁，我们能对所罗列的步骤一目了然，能让我们的思路更清晰，从而有效缓解焦虑。

综上所述，解决拖延行为的关键是解决焦虑情绪。但是，当我们想要更好地处理任务时，是不可能完全体验不到焦虑的，相反，适度的焦虑将有助于我们高效地处理任务。因此，在面对复杂困难的任务时，我们要先学会将这个任务进行拆分，然后在每完成一个步骤之后，你都可以给予自己一定的奖励。

"社恐"的应对策略

在我进行咨询工作时,很多来访者都会问我是否能够帮助他们克服当众讲话或演讲时的胆怯心理,提高自己的表现力和自信。接下来,我将讲述如何利用自我催眠帮助你快速处理这类问题,让你充满信心和力量地进入任何需要展现自己的场合。

首先,它会教你如何放松自己的身体,让你控制内心的恐惧,在观众面前平静地表现自己。

其次,它可以重新修正你在面对他人时的消极想法,并用更加正面的信念取而代之。

最后,自我催眠将带给你信心,让你在任何场合、任何人面前都能表达出你想要表达的信息。

这里提供一套催眠脚本,供你在一个人的时候进行练习。以下的引导词你可以先朗读几遍,当你熟悉这些文字后,务必用自己的手机将其录制下来。每当你有片刻时间休息的时候,可以随时跟着你的声音进行放松练习。

每个人都可以体验自我催眠。我很高兴你决定迈出这一步，学习一项能够摆脱怯场的全新技能。通过练习，你可以很容易在任何场合变得更加平静、舒适和放松。

你并不需要努力去做些什么，因为越努力，可能越无法放松，请允许一切自然地发生。只要按照我的指示去做，你就会发现，在这个阶段结束时，你会体验到一些美妙的东西。

我会简单地给你一些指导，帮助你达到身心放松的状态。我想让你做的就是让自己尽可能地放松。你可以随时调整自己以达到更舒适的状态。

我将给你一些关于放松的建议，相信这些建议可以帮助你体验到宁静与平和。现在，让自己舒服地坐下来或躺下来，并闭上眼睛。如果你注意到自己的身体有任何部位背负着一天的紧张情绪，那就释放这种紧张情绪。试着让自己身体的所有肌肉都变得更加放松，你会注意到自己的呼吸已经变慢了一点，这很好。深呼吸——吸气——呼气——深而缓慢的呼吸有助于我们轻松地进入催眠状态。

当你放松的时候，想象你头顶的肌肉、额头的肌肉、眼睛和脸颊的肌肉，以及嘴唇的肌肉都会逐渐释放所有的紧张。当你的身体体验到一种放松的状态时，想想任何能给你带来愉悦的事情是可以的。继续放松你的肩膀、手臂和背部的肌肉，让紧张感慢慢消失。事实上，就好像你能感觉到背部、肩部和手臂肌肉的紧张或压力开始转移到前臂，通过手，慢慢地从指尖转移出去。

当你放松的时候，所有的压力都离开了你的身体。注意你胸部、胃部和腰部的肌肉，如果这些肌肉中的任何一块紧张，只要放松就可以了。你会体验到宁静与平和，这会让你进入一种深层次的放松状态。

放松大脑也是一件容易的事。当你的身体变得放松时，你的大脑也会变得更加放松。我们的腿为我们做了很多工作，有时候，一天的紧张会储存在臀部或大腿的肌肉中。如果你注意到这些部位有任何紧张感，就让这种紧张感从你的腿上流过，通过大腿、小腿和脚踝的肌肉，然后从脚趾流出。

此刻的你看起来很放松。如果你需要吞咽，没关系。如果你为了舒适而调整坐姿，也没关系。从你的头到脚趾，你已经让自己变得完全放松。

现在，请允许自己进入更深层次的放松状态。我会倒数5个数，我每数1个数，你都会感觉更放松。

5……

4……

3……

2……

1……

许多人对公开讲话或演讲会产生恐惧，是因为他们之前有过不那么愉快的经历。对一些人来说，这些经历是最近才有的；对另一些人来说，这些经历发生在遥远的过去。过去，尽管令人不舒服，但好在已经过去了。你现在已经超越了过去，未来的你会越来越好。

当你放松的时候，想象一个挂在墙上的钟表，上面写着大大的数字，看着它，现在是12点……3点……6点……然后来到了9点。随着指针的每一次转动，你会更有安全感，因为你发现自己活在当下，已经放弃了对过去经历的执念。渐渐地，钟表会变得模糊，上面的数字也不再重要。过去的体验是遥远的，此时此刻，放弃对过去的执念，感受当下的宁静。

任何时候，当你在一群人面前感觉恐慌时，把你的视线从每个人的身上移开，模糊他们的形象，哪怕只是一个瞬间。你可以想象成钟表移动的指针，它移动得越来越快，这些人在你眼里就越模糊。当你继续你的演讲或表达你的想法时，便没有了恐慌和焦虑的感觉。

是时候把"如果"去掉，让新的想法取而代之了。"如果"和"假如"是我们在恐慌之前对自己说的话。事实上，如果没有它们，很多人永远不会经历恐慌。也许你曾对自己说过："如果我僵在那里了该怎么办？如果我失败了怎么办？"你甚至可能会说："如果我很恐慌怎么办？"如果你从来没有告诉过自己这样的想法呢？如果你把每一个"如果"都换成一个新的陈述，比如，告诉自己"我很冷静"，会怎么样？你现在冷静吗？你当然是冷静的。

继续平稳、放松地呼吸，闭上眼睛，保持冷静，然后对自己说："我很冷静。"不要再想"如果我失败了怎么办"或"如果我僵住了怎么办"或任何其他带有"如果"的语句。

告诉自己：

我很自信。

我很清楚。

我很专注。

我做的正是我应该做的交流、分享和讲话。

我能够自信地交流。

对自己多说几遍：

我能自信地交流。

我能自信地沟通。

在你的脑海里，在你的心里，在你身体的每一个细胞里感受它们。把自己放在一个你想要实现的状态中，比如，作为一个自信的沟通者，当你这样想的时候，注意你的右脚并对自己说："我是一个自信的沟通者。"

当你感到自信时，把那只脚牢牢地固定在地面上，感觉自己的脚就像一个被固定在地板上的铅块，有力地固定在地面上。以后，每当你注意到自己的右脚踩在地面上的时候，都会激活此刻的自信，踩得越牢固，自信就会越多，自信越多，你踩得就会更加牢固。

当你在公开讲话或演讲时，如果你发现自己的思绪很乱，身体止不住地颤抖，或者有任何的不舒适，哪怕只是一小会儿，你都可以把右脚固定在地面上，让自己立即回到这种状态，成为一个冷静、自信的沟通者。此刻，你可以移动你的脚，但你仍然保持着一个自信的沟通者应该有的样子。

只要你需要，你能随时体验这个状态。接下来，我会倒数5个数，当我数到1的时候，你会完全清醒过来。

5……

4……

3……

2……

1……

不知道你是否看过这样一部电影，讲的是骑马的人用剑、矛、盾打仗的故事。其中盾牌起了非常重要的作用，它在战斗中保护那些处于危险中的人。像电影中的骑士一样，你可以创造一个盾牌来保护自己免受尴尬、伤害或拒绝。过去，盾牌是由木头、铁或其他金属制成的，但是，你的盾牌可以由更强大的东西组成——你的高级自我。高级自我就是你的能力和自信。你可以用自己内心勇敢、热情和强大的那部分来构建你的盾牌。

高级自我这个盾牌比任何东西都强大，它在各种情况下保护着你。当你在很多人面前发言时，想象这面盾牌在你面前或你身后的墙面上，观众是看不见它的，但它能保护你。

现在的你是多么自信，因为你已经远离了走神、尴尬、紧张的感觉。

我相信你是一个有能力选择自己命运的人。你已经认识到，即使你曾经把属于你的控制权交给了别人，但通过学习这部分的内容，你已经重新获得了控制权。因此，你可以控制任何情况。

让我们花点时间想象一下，如果你很难在脑海中创造画面，那么，你可以根据我的指示去做。想象一下，你正在为下一次演讲或表演做准备，并意识到，在你准备的几天或几个小时之前，自己是平静和自信的。想象自己没有任何问题或担忧，已经准备好了所有相关物品，舒适而平静地去参加这个活动。

把自己投射到这个想象的情境中，进入你将要开始演讲的那一刻。你热情洋溢、落落大方地向观众打招呼，然后自信地交流和表达，不会陷入恐慌、恐惧或尴尬的状态。你会看到自己流畅而有节奏地进行演讲，甚至轻松而平静地完成了这次演讲。

每一个想法的存在都是有意义的。你有克服当众表现自己的恐惧的想法，你就会不断鼓励自己去面对恐惧。虽然你只是想象了一个让自己恐惧的场景，但是在这个过程，你会逐渐适应。

除了上述的应对社交恐惧症的方法，这里还有一些其他的建议。研究发现，橙汁可以有效降低血压。每次演讲时，你都可以喝一杯柑橘类饮料，体验一下科学研究为你带来的好处。研究还表明，薰衣草的气味可以减轻焦虑。你可以购买一些薰衣草气味的熏香或香水，并在准备演讲时让自己置身于这些气味中。如果你对其过敏，那么，你可以尝试通过想象来模拟薰衣草的味道。你现在可以通过吸气来尝试一下。每次呼吸时，只要想到薰衣草，你就能把它与平静、平和联系起来。

此刻的你，已经在很大程度上克服了对公开演讲的恐惧。

现在，我要和你分享另一个技巧。这个技巧来自一位经历过怯场的著名演员。每次演出前，这位演员都会想象观众中的每一个人都是支持和爱自己的人，也许他想象的是自己的配偶、家人，或者信任的朋友。在任何情况下，你也可以这样做，相信观众就像家人、朋友那样支持、关心自己。

现在，想象你是一个自信的沟通者，让自己沉浸在这种状态中，享受自己所创造的成功。在接下来的一周，让这些想象成为你生活的一部分。在每次练习中，花时间去享受所有这些成功的感觉。

愤怒情绪的管理策略

愤怒，是一种非常有趣的情绪。通常情况下，人们都会把它当作一种需要加以控制的负面情绪，但是，合理地表达愤怒是一种极为有意义且积极的表现。它会帮助我们提升自尊，感到自身被赋予了某种正当的权利，从而在社会实践活动中争取到自己的权益与地位，并且有助于我们获取生存发展所必需的资源。因此，在我们学习如何管理愤怒之前，辨识清楚愤怒的几种常见的类型往往是十分必要的。愤怒的几种常见的类型如下：

1. 慢性愤怒。这类愤怒通常会表现在对生活有持续防御态度的人身上，他们总能感知到生活中的不公平与不被尊重，给人的感觉是他们往往非常容易被激怒，可能随时准备与他人战斗，有时是攻击性言语的增多，有时甚至出现肢体上的攻击行为。

2. 爆发性的愤怒。这类愤怒的特点是间歇性的，针对某些特定的人，比如伴侣、孩子。在这种状态下，愤怒可能会让人变得暴力，做出一些极端的行为，但事后往往会后悔。

3. 逃避性愤怒。通常表现为害怕以任何形式表达自己的愤怒，甚至经常没有意识到自己正处在愤怒情绪中。他们往往以隐性攻击的方式间接表达自己内心的愤怒，比如讽刺、蔑视、忽视别人、故意迟到或背地里搞破坏。这种类型的愤怒往往难以识别，因为当事人或他人可能根本不知道或是不承认这是愤怒的表现。

以上3种愤怒可以理解为是愤怒的不合理表达，因为从长期的角度来看，它们无疑会让我们的身心健康受损、人际关系恶化、职业发展受阻。除此之外，处在各类愤怒当中的人通常都有一些共同的认知，例如，他们会认为自己无力去面对和解决生活中的各种问题，认为自己总是在被人控制、利用。他们对公平、公正也有着更高的要求，认为脆弱和软弱是无能的表现。实际上，这些消极的认知才是他们真正需要面对和管理的。接下来，我们具体探讨有关愤怒情绪的管理策略。

社会心理学领域的学者在探讨攻击行为时，经常会引用以下这则故事：一个被老板羞辱的男人，回家以后大声斥责他的妻子，妻子又斥责儿子，儿子只好踢狗来解气，而狗则把前来送快递的快递员咬了一口。

大多数人在听到这个故事时，都会感觉有几分荒诞。因为故事所呈现的画面很容易让我们置身事外并以第三人视角进行观看和评价，于是，我们会产生一种认知上的错觉：这个矛盾冲突太戏剧化了，这些情节仿佛是设计出来的，在真实生活中我们都是有理性的人，做任何事情都不会如此极端。但是，当你重新读这个故事后，你就会发现，我们似乎在生活中都扮演过这个情境中的某个角色：可能是因为眼色不够灵活被老板羞辱的丈夫，可能是因为某句话说错就被丈夫斥责的妻子，也可能是因为快乐得忘乎所以而被劈头盖脸一顿骂的孩子，甚至是那个和女友约定好送完最后一个快递就一起吃饭的快递员。

一出看似荒诞的闹剧，很可能最终演化成一出无法收场的悲剧，其结局便是，事件的所有经历者都会在认知层面形成一种扭曲：认为自己总在生活中出演"受害者"的角色，仿佛所有人都是"杀手"，都在对其进行无情的伤害。如果非要为这出闹剧寻找一个罪魁祸首，我认为应该回到问题的中心点，我们心中的那头猛兽——愤怒。

让我们再来看一个真实的案例。前不久，一位遭遇丈夫出轨的妻子向我倾诉道："我该怎么办？每当我辅导儿子写作业时，只要他表现得不听话，我就会在他身上看到他父亲的影子，压抑不住的怒火让我很想抽他一巴掌。但是，每当我看到他很开心地在我旁边玩耍，笑嘻嘻地叫我妈妈时，我又觉得我怎么可以这么对他。我真的不知道该怎么办了？我感觉很痛苦。"

如果你是这位母亲，你会如何处理这种情况呢？

你很可能会依靠直觉给出如下建议：孩子是无辜的，这位女士应该将矛头对准她出轨的丈夫，或者出轨这种事情怎么能隐忍呢？她应该当机立断选择离婚！可是，当我们理性地看待这件事情的时候，也许会发现，可能有很多现实因素导致这位女士无法选择离婚，比如，她的经济能力让她无力承担养育孩子的义务，或者她可能认为孩子不可以没有父亲，虽然丈夫背叛了她，但是他终归对孩子还是疼爱的。那么，对于这位女士来说，合理且有效的应对方式应该是怎么样的呢？我们该如何理解和帮助这位女士呢？让我们带着这些疑问继续往下阅读，相信我们会找到正确的答案。

无论是上述的那则小故事还是我所遇到的真实个案，都表明愤怒情绪往往会导致不合时宜的攻击行为。这种攻击行为的特征是爆发式的，往往以宣泄和伤害为最终目的。可以这样理解，当我们体验到愤怒情绪时，我们很少会以解决现实问题为导向，我们的脑海中不断充斥着强烈的宣泄诉求与报复性计划。宣泄会让我们倾向性地肆意伤害身边的人，我们对此有一种潜在的且不合理的认知：无论我做什么，身边的人都会原谅我，因为他们是我的朋友、亲人。报复性计划则会使我们不计后果，最终可能酿成惨祸。比如，有相当一部分的车祸惨案是因为两位车主斗气，然后在路上互相别车。一位车主可能无意间抢了另一位车主的车道，这位车主心想："这个人到底会不会开车？差点撞到我。"于是，他开始产生一系列报复性想法。他的双手紧紧握住方向盘，就像紧紧掐着对方的喉咙，他的体温开始升高，额头开始出汗，肌肉开始绷紧，一切仿佛都在为这场"战争"做准备。由此，后果显而易见。

说到这里，大家可能会感到不解，面对挑衅，难道我们不应该表达愤怒吗？首先，我必须先肯定大家的想法，这确实是一个合乎逻辑的应对方式。为什么说合乎逻辑呢？原因很简单。一方面，因为愤怒是六大基本情绪中最难施以控制的；另一方面，愤怒所能帮助我们实现的目的是非常具有诱惑力的。它会让我们拥有一种胜利的错觉，但我们同时也都知道，愤怒最终带来的只有伤人伤己。

我们应该如何面对愤怒，处理愤怒呢？如果想学会面对愤怒，驾驭愤怒，那么，我们必须先深刻地意识到：我们很可能不了解愤怒究竟是怎样的一种情绪。对于一个愤怒的人而言，他的内心究竟体验到了什么？为什么有些人时常会感觉到愤怒？又为什么有些人对某件事非常愤怒，而另一些人对其却无动于衷？想要回答清楚这些问题，我们需要对愤怒这个基本情绪进行解构与再认识。还是那句话，如果你想要学习如何驾驭这只猛兽，你自然需要先离它近一点，然后，试着触摸它，看看它究竟是怎样一番模样。接下来，让我们一起探究愤怒究竟是怎么来的。

愤怒是人的本能，也被看作是一种原始的情绪。在远古时代，为了在充满危险的森林中狩猎、采集，人们需要时刻准备好面对突如其来的威胁，与其抗争，寻求生存。虽然人类社会在发展，但是每代人在每个时期，甚至是每个时刻，都可能面对各种各样的压力性事件。什么是压力性事件呢？我们把任何能够带来变化的事件，都称之为压力性事件，或者刺激源。那么，每当我们感受到压力时，愤怒都在促使我们做出某种程度的反应。

以上内容似乎让我们窥见了愤怒情绪的某种积极意义。你可能会疑惑，这样一种伤人伤己的情绪居然还有积极意义？我来举个简单的例子，看一看愤怒究竟有没有积极意义，如果我们感觉不到它，那又会发生什么？

某天，我在某家商场买到了一双非常好看的鞋子，结果回到家，我还没穿两天，鞋底断裂了。我会怎么办呢？显然，我会拿起鞋子，冲到商场，要求退换。那么，问题来了：我为何会产生冲到商场、要求退换的行为呢？很简单，大家都能想到，因为我体验到了愤怒，愤怒成了行为的内驱力。换句话说，我们所有的行为都有与其匹配的相应情绪作为内部驱动力。

让我们换个角度思考一下，当我发现鞋子断裂时，如果我并没有感觉到愤怒，甚至没有感觉到一丝焦虑，或者直接感觉到的是抑郁，认为鞋子断裂是自己的问题，认为自己本来就什么都做不好。那么，我也不可能得到一双崭新的鞋，但是，如果我感受到了愤怒，它就可以转化为动力，促使我通过正当途径维护自己的利益。其实，愤怒情绪是因为适应我们的生活需要而被保留下来的原始情绪，但我们需要进一步搞清楚的问题是，对于愤怒的人而言，他们的内心究竟体验到了什么？

根据上面列举的案例，不难发现，每当我们认为某件事情使我们感到被伤害、被不公平对待时，就容易唤醒我们的愤怒情绪。这里存在一些问题，那就是，如何判断一个客观性事件真的对我们造成了实质性伤害？如何确定某个人真的在剥夺你的自尊？又如何证明真的只有你被不公平对待了？比如，对于排队这件事，有些人可能认为插队的人是对自己的不尊重，由此心生不满产生愤怒；也有些人会认为，对方可能真的有更重要的事情，不得已才如此，于是可能就不会唤醒他的愤怒情绪。由此，不难得出一个结论：在面对一件事情时，是否会唤醒愤怒情绪，唤醒到什么程度，取决于我们如何解释当下发生的事情。

再举一例，如果你在地铁或公交车上，旁边突然有人踩了你一脚，如果你此刻的解释是：他一定是故意的。你自然会生气、愤怒，但如果你发现对方是因为车身摇晃不小心踩到了你，你便不会产生任何敌意。由此，我们可以得出一个结论：任何客观性事件，想要理解和认识它，都必须依赖我们的认知与预测，而这则来自每个人成长经历中所建构的信念系统。

关于上述两个概念，前文已经做过深入讨论，在此就不再赘述。一言以蔽之，我们会对什么类型的事件感到愤怒，取决于每个人所独有的信念系统，因为不同的人对于什么是不公平或被伤害有着完全不同的理解标准。比如，一个人从小到大经常被他人欺负，在进入社会后，他自然就会对存在攻击和伤害的特定事件充满警惕。如果一个人从小就经常被批评，那么，他很容易将眼前的事情解释为对他的指责，他自然也就容易在这一类特定事件中唤醒愤怒。我们也称这一类事件为这个人的压力性事件。总结来说，我们并不是单纯因为受到伤害或被不公平对待而产生愤怒，而是因为事情的走向违反了我们预设的规则和期望而感到愤怒。

通过以上内容，我们不难理解，愤怒情绪其实是当某个压力性事件发生在自己身上时，激活了我们特定的信念系统，从而我们的认知对其进行评价，将其解释为伤害与威胁时，在情绪、生理以及行为三个层面共同作用所产生的一系列保护性应激反应。

按照五因素模型，我们在处理愤怒情绪之前，是否可以为愤怒做出一个症状解析呢？当然可以，解析如下：

情境：下班乘车回家的路上，旁边有人踩了我一脚（某类压力性事件）。

思维：他一定是故意的，他伤害了我，他凭什么不向我道歉（将其解释为伤害、威胁、不尊重和规则被破坏）。

情绪：生气或愤怒（从唤醒程度不同来区分：不满、生气、怨恨、愤怒、暴怒）。

生理：肌肉绷紧、血压上升、心率上升（生理表现）。

行为：争吵或攻击（防御、拒绝）。

当此模型一旦开始循环作用，我们就会被愤怒所掌控，陷入循环，产生无法控制的感觉。

那么，我们是否真的无法驯服这只猛兽呢？面对愤怒只能感到无力吗？答案当然并非如此，但是，我们必须清楚的是：在什么情况下产生的愤怒，我们才需要去进行表达与处理，什么情况下则不需要。简单来说，如果在生活中总是持续性地感受到愤怒，并且愤怒情绪已经明显阻碍了你的人际交往、亲密关系、工作或学业，那么，你就需要积极面对愤怒，处理愤怒。

接下来，我分享一套管理愤怒情绪的策略：检视愤怒思维；利用想象对预期的愤怒做准备；识别愤怒的早期信号；暂停与撤离；陈述性表达。

以上五种方式，共同构成了愤怒情绪的管理策略。

一、检视愤怒思维

这是从源头上解决问题的方法。当我们感受到愤怒时，我们会倾向于从消极的方面解释别人的意图，把别人的行为理解为对自己的攻击。这些解释很可能是一种曲解。正如前文讲解其他负面情绪的应对方式时，提倡大家学习识别和评估自动化思维，此方法同样也适用于检视愤怒情绪。

当利用苏格拉底式提问来评价自己不合理的认知时，我们会找到更加客观且合理的认知方式，最终，实现从根源上处理愤怒情绪。

二、利用想象对预期的愤怒做准备

如果你预料到某个情境中的自己会容易感到愤怒，那么，提前为其做准备则很有必要。在进入该情境之前，请允许自己找个地方坐下来，放松下来并做好准备，应对可能爆发的愤怒。前文讲述过如何利用想象应对焦虑。同样，我们可以利用想象应对愤怒，唯一不同的是，我们需要想象情境中可能发生的事情，以及我们采取的应对方式。仔细想想在想象的情景中，你会说什么，做什么，或者你想要说什么，想要做什么，对方会如何反馈你，这对于控制愤怒会很有帮助。

我们需要以自己想要达到的目的作为想象的主题，可以在脑海中仔细反复地思考：我们第一句话该如何表达，说话时肢体语言会是怎样的，对方会如何反馈我们。为了防止事态的发展和我们所预想的不同，最好可以在脑海中想象多种可能出现的问题，并且逐一考虑应对方式。

此练习的目的是，通过积极的想象，预演你面对各种问题时做出的各类反应，可以帮助你更为高效、更具适应性地应对具体情况，做出灵活反应，而不是一旦事情不如你所料，你就瞬间暴怒。一方面，想象可以让你预先考虑好问题的方方面面，并为其设计好合适的反应。另一方面，当你处在高风险、高压力的环境中时，想象会让你更加相信自己有能力解决问题，从而放松下来。

三、识别愤怒的早期信号

除了提前想象你可能感到愤怒的情境，还可以去了解与愤怒相关的早期提示信号，让你在愤怒爆发或失去控制之前就能将愤怒识别出来。一般而言，愤怒情绪爆发前可能会出现的早期信号有：发抖、肌肉紧张、嘴巴紧紧地抿着、胸闷、声音变高、握拳、言语犀利等。愤怒并不总是不好的，至少它会提示你，你的目标究竟是什么，你需要解决的问题是什么。如果发现自己的愤怒正在朝着一个破坏性的方向发展时，对早期信号的识别有助于你停下来提醒自己。如果你觉得此时不应该继续任由愤怒为所欲为，那么，下面两个应对方式将会帮助到你。

四、暂停与撤离

暂停与撤离是控制愤怒的有效方法，是指一旦你识别出愤怒的早期信号，意识到接下来愤怒可能难以控制时，就赶紧让自己离开当下的情境。

正如五因素模型所阐述的原理一样，我们所有的问题情绪都建立在情境、思维、情绪、行为、生理表现的共同作用下。此刻的暂停，相当于我们主动地改变了情境产生的作用。

一旦暂停，你可以利用前文提到的放松方法来进行放松。在识别出自己的自动化思维之后，你可以对其进行评估。你也可以问问自己，你要达到的目的究竟是什么？因为这才是愤怒对我们的真正意义。当然，你也可以在此刻利用想象对预期的愤怒做准备，考虑之后该如何应对。

五、陈述性表达

学习用陈述性表达来表达自己的态度、规则和目的，可以很有效地降低我们在与他人沟通中所产生的愤怒情绪。一般而言，可以将陈述性表达理解为介于主动攻击与被动挨打之间的一种言语模式。当我们主动攻击时，会对他人造成伤害；而当我们被动挨打时，等同于默认他人可以伤害我们。因此，陈述性表达的适用原则是，以一种坚定而温和的状态，坚持为自己的权益发声，但不攻击他人。

举个例子，某天，你的同事因为工作状态比较懒散，当你催促他完成工作任务时，他总以各种借口来搪塞你。比如，当你问他要一组用于工作的照片时，他因为没有处理好照片，却借口说对自己的处理并不满意。一来二去，你就体验到了一种愤怒，但是，由于你快速通过早期信号识别出自己可能接下来会被愤怒牵着走，并且可能对同事说一些具有攻击性的话，比如，你这个人怎么总是这副样子，你觉得你能干成什么？你到底还想不想工作了？因此，你及时采取了陈述性表达，你这样告诉他："如果你觉得照片处理起来有难度，可以寻求我的帮助，或告诉我你完成不了，但是，你不能总是这样拖延下去，这会导致很多工作无法开展。"

我们会发现，陈述性表达其实很简单，我们可以理解为对自己的期待和需要进行直接地表达。比如，某位先生的女朋友在面临一次重要的选择时，男方却回应说："怎么选都可以，你自己考虑清楚就好。"这时女方瞬间感觉到男方对她的不重视与不尊重，或者说，男方的回应让女方感受到与她的期待是不符的。这时，愤怒随即出现，于是，女方可能会用攻击性的语言回应道："你说了就像没说，我要是知道怎么选我还问你！"

结果可想而知，女方想要达到的目的不可能实现，而且关系也会因此遭到破坏。倘若运用陈述性表达就很可能让事情走向积极的一面。女方可以这样表达："我知道你希望我能够独立决定自己的很多事情，但是，我也希望你能明白，我此刻是需要你的，而你的回复会让我有些失落，会让我更加混乱，无法做出决定。"这样的话，不但直接表达出了期待与需要，同时也能让男方意识到自己的回应是不妥当的。接下来，我提供练习陈述性表达的4种方法：

1.以"我"作为开头进行陈述。通常情况下，以"你"作为开头进行陈述，往往会让人想要进行攻击与责备。比如，你怎么总是先想着自己？如果切换成"我"，可以这样说：我希望你能够多听一听我的感受与想法。这样的表达不会让对方产生误解,从而更准确地了解到你的需要。

2. 若对方对你有任何抱怨,要先承认这些抱怨都是真实的,同时坚守自己的原则。比如,有人想叫你帮他做件事,但是你拒绝了,对方对此心生抱怨:我真的需要你的帮助,你这样拒绝我,是不是很自私呢?于是,你可以这样回答:我明白我的拒绝一定会让你感到受伤,可是我确实无法为你提供帮助,因为我现在真的没有这个精力和时间,我不是自私,只是想要照顾一下我自己的状态。

3. 清晰简洁地表达出你的期待和需求,不要指望任何人能够明白你内心没有表达出来的想法。比如,如果你希望孩子可以按时写作业,顺便把房间收拾干净,你可以直接告诉孩子:放下手机,去写作业,写完后,把房间收拾干净,我回来的时候,会检查你的作业,并且希望看到房间是干净的。再比如,你给下属布置工作任务时,要清晰地说出完成任务的时间,不要模糊不清地表达或者不表达。

4. 关注陈述过程而非结果。必须承认,即便你掌握了陈述性表达,也并不意味着你总是可以收获满意的结果。因为陈述性表达是为了让沟通变得更加通畅。你的每一次陈述性表达并不一定总会有一个符合期待的结果,但是,长期坚持这样沟通,即便你对某个问题有看法,你也会保持客观陈述,避免情绪化。

在练习陈述性表达时,可能有几种自动化思维会阻碍我们使用它，比如：

1. 你会这样想：如果他了解我，他就应该知道我是怎么想的。

2. 如果我拒绝别人，别人就会不喜欢我。

3. 何必要练习这么麻烦的表达？简单一点不是挺好？

4. 我觉得这根本没必要。

5. 如果别人先对我不客气，我就不会对他客气。

如果在练习时你有上述这些自动化思维，你就要意识到，正是它们让你的人际关系出现了问题，让你的情绪出现了问题。如果我们带着这样的自动化思维与他人相处，其结果将是无穷无尽的伤害与被伤害。

希望大家可以在生活中多练习愤怒情绪的管理策略。这里有一句话，我想分享给你，请谨记于心。这句话出自本杰明·富兰克林：生气总是有理由的，但很少是出于正当理由。

当然，我们可以一起体验一下，如何运用一套完整的自我催眠脚本，去管理和改善我们内在压抑已久的积怨与愤怒。同样，你可以先朗读几遍，然后用手机进行录制，之后你便可以随时闭上眼睛，戴上耳机，认真聆听。

当你听到这里时，可以让自己的双脚平放在地面上，双手自然放在身体两侧或大腿上。注意自己的呼吸，它是那么的平稳、有序。你不必刻意调整你的呼吸，只是让自己自然放松。是的，我们已经体验过许多次全身的放松，你每次都可以完美地做到。你可以慢慢地闭上眼睛，让自己完完全全地放松下来，很好，你一直做得都很好。

现在，我希望你感觉舒适，身上的肌肉和皮肤也感觉舒适。当你开始放松，把注意力转向内心时，可以意识到你身体的紧张感。当你意识到它的时候，让它放松。你做得非常好！你会变得更舒适、更放松。

当你继续体验到平静和放松时，可以用新的方式来听我说话，去感受每句话背后的含义。你会以从未期望过、从未想过的方式找到新的意义，学习到新的东西，虽然还不确定那是什么。你的思想和身体会越来越放松，不必刻意，不必强迫，只是让它自然发生。

你只需要对这个过程感到放松与舒适，你会开始明白好事情会以自己的方式和速度发生，你会开始感受到放松所产生的巨大力量。放下强烈的情绪，意识到有时我们会因为强烈的情绪和过度的反应而损害自己的权益。

或许你会发现，你真的不需要从别人那里获得尊重和钦佩。你可以让尊重和钦佩自然而然地来到你身边，相信它们会来的。让自己意识到，应该以一种舒适和自信的方式和他人保持合理的边界感，并开始理解这意味着什么。

这一切对你来说都是全新的、令人兴奋的体验。你可以让自己对学习和发现新事物越来越兴奋。你发现的越多，能学到的就越多；学的越多，发现的就越多。

现在，让你的大脑平静下来，你会开始以新的方式吸收这些新想法，继续学习、成长和发展……过去，你学到了很多东西，不是吗？随着你的成长，你获得的知识也会越多，不是吗？当你长大成人后，也许你认为自己已经学会了所有需要学的东西，不是吗？很多人都这样认为，也许你也这样认为。这很正常、很自然，不是吗？也许你现在是这么想的。

你可能已经知道，有些人有时是不可信任的。当然，有些人是可以相信的。也许你想知道：那些对我如此重要的人会真的喜欢我吗？真的会认可我吗？于是，你越努力，但还是没用。也许你不相信他们会在你需要的时候出现在你身边。但总是寻求别人的认可是很自然的，不是吗？也许你就是这么做的，一遍又一遍，直到它成为一种习惯。你当然知道改掉一个习惯是多么困难。也许你最终会觉得他们欠你一个认可，这种感觉是很自然的，不是吗？

很多人都有这种感觉，对孩子来说，重要的人欠他们很多东西：爱、关怀、亲情、尊重。我们都想要，我们都需要这些东西，不是吗？所以，有这样的感觉是很自然的，也许你也有。但是，事情是自然的和正常的，并不意味着寻找它们的方法总是好的，总是有用的。要得到你所需要的东西，你想要的东西，有更好和更坏的方法，不是吗？随着继续学习、成长和发展，你可以开始区分好与坏，你会找到新的方法来得到你需要的、想要的东西。

或许，你有一些怨恨……因为你生活中一些重要的人不尊重你。你觉得他们似乎并不关心你对一些重要的事情的看法。你不知道该怎么做，不是吗？所以，怨恨和无助的感觉就会越积越多，这些感觉都是正常的、自然的。没有人喜欢不被尊重、被忽视，不是吗？你能做些什么呢？你不知道，对吧？也许你唯一能做的就是生气，你希望他们能注意到你，注意到你的需求和期待。但这不管用，一直没起作用，你所能做的只是故伎重施，然后第二次、第三次、第四次也不会奏效。因此，沮丧导致更多的愤怒，愤怒导致没有成功，实际上会使事情变得更糟，你会变得无助、愤怒、沮丧。

也许此刻在我和你对话的时候，你能感觉到自己的愤怒正在上升。如果是这样，只要注意到愤怒，我们就要开始反思，然后慢慢地让它减少，变得越来越少。没错，你可以让它慢慢消散，变得越来越少。

现在，让这些想法在你的脑海里盘旋，慢慢地让它们沉淀下去……仔细想想，你可能已经发现了什么都不做的好处，或者让你的负面情绪逐渐消失，变得越来越少，不是通过做什么，而是通过允许它发生，允许自己什么都不做，这是一种你可能从未想过的方式……

你不能强迫别人按照你的想法做事，或是考虑你的需要，对吗？这会让人沮丧、愤怒。你能做什么呢？现在，我提出一些不同的建议。你不能强迫任何人考虑你的需要，但任何人也不能强迫你接受他的需要，对吗？只有你给他权利，他才能让你做他想做的事。但是你可以说"不"，即使你这样做他可能会生气，但你可以忍受它，因为它最终会消失。如果是他而不是你生气，那不是很有趣吗？如果你说"不"，你可以收回权利，然后，他可能会感到受挫、无助、生气。这是一种完全的逆转，不是吗？

记住，如果你选择行使权利，你就拥有权利。如果你觉得自己很强大，表现得很强大，你就不必生气，因为没有什么值得生气的。想想看，没什么好生气的！让这个想法在你的脑海里盘旋。说"不"有着巨大的力量，如果你想要感受到这种力量，那就可以感受到这种力量……你越是让这个想法渗透到你的潜意识中，你就越能感到平静。

此刻，你会因为找到了全新的解决办法而感到内心平静，你会按照已经提出的建议行事。试着放下受挫的体验，允许事情自然发生，而不是试图强迫它们发生，找到另一种方法来获得自己想要的，减少自己不想要的。

总结来说，什么样的事情会激发我们的愤怒，这通常与我们过去的创伤性经历有关，也与我们所抱持的信念和规则有关。假设我们过去长期身处一个不那么友好的环境，我们自然也很容易把眼前的事情解释为他人对自己恶意的诽谤或抨击，也就很容易变得易怒。这背后通常隐藏着我们内心的无助与不安，为了遮盖住这份无助，我们只好为自己构建起坚固的防御——规则，我们并不是简简单单因为受到了伤害而感到愤怒，而是因为事情的走向违反了我们预设的规则。如果你能明白不同的人对于什么是公平有着完全不同的标准和解释，那你就会更容易理解愤怒发生的规律，对愤怒的管理就会变得更加有效。

唯有巩固你的收获，方能体验更多快乐

几乎每个人都知道"授人以渔"的故事，正如这个故事所表达的，你在这本书中所学到的管理情绪的策略，如果你愿意时常练习与巩固，那么，它们将伴随你一生。我相信大多数人愿意花时间读这本书，希望更好地处理某种困扰自己的负面情绪，比如焦虑、抑郁、愤怒等。但我必须强调的是，进化给人类带来了情感，以帮助人类应对危险的环境，并对它们做出明智的反应。虽然我们早已不在危机四伏的丛林里生存，但我们仍然拥有应对负面情绪的能力。

有些人并不喜欢负面情绪，甚至害怕负面情绪。我们更喜欢称赞一个人情绪稳定，甚至会在某些新闻报道中听到非常荒谬的说法：死者家属情绪稳定。说实话，面对生离死别、重大事故，谁若能够保持情绪稳定，恐怕这才是最大的问题。当然，毋庸置疑的是，情绪常常也会盖过我们的理性思考。

从某种意义上说，人类有两种思维，一种是理性的——谨慎的思考，另一种是感性的——冲动、愤怒，有时甚至不合逻辑。大多数时候，这两种思维和谐而平衡地工作着。因此，与其说我们要控制情绪，或驾驭情绪，不如说应该选择和任何一种我们能够感受到的情绪交朋友并与之合作。

乔纳森·海特曾经在他的《象与骑象人》一书中做过一个类比：人，首先是情绪的动物，然后才是理智的动物。情绪就像大象，它代表着人类原始的冲动，论力量、强壮，它要厉害百倍，而理智就像那个骑在大象背上的人，他无法扭转或阻止大象的脚步，但是他却总能想到很多办法去和大象沟通，顺势而为，形成配合。在本书中，我们所学习到的策略与方法，其目的正是帮助你实现这种可能。

现在，你已经学会了如何辨识自己的情绪感受，如何识别与评估负性的自动化思维，如何处理负面情绪，如何调整行为。当你再次感受到负面情绪时，我相信你会比之前变得更加有力量。我希望通过阅读这本书，每一位读者收获的不仅仅是技巧和方法，还有更深刻的洞察力和理解力，祝愿这些收获能够帮助你！